"十三五"职业教育部委级规划教材

"十三五"江苏省高等学校重点教材（编号：2017-2-082）

江苏高校品牌专业建设工程资助项目（品牌专业序号：ZY2015B192）

品牌女装设计与技术

卞颖星　曾　红　马德东　编著

国家一级出版社　　中国纺织出版社　全国百佳图书出版单位

内 容 提 要

　　本书主要涵盖了女装衬衫、裤子、连衣裙、大衣的款式设计、结构设计和工艺制作的项目任务案例。书中植入了中国传统手工技艺扎染和江苏省非物质文化遗产乱针绣的设计制作案例，向学习者渗透中国传统文化传承与创新的理念；书中还提供了3D打印、数码印花等现代原创设计制样思路，向学习者传递服装产业智能制造的变化态势。

　　本书既可以作为服装专业学生的学习用书，也可供广大服饰爱好者阅读参考。

图书在版编目（CIP）数据

　　品牌女装设计与技术 / 卞颖星，曾红，马德东编著
－－北京：中国纺织出版社，2018.9（2024.7 重印）
　　"十三五"职业教育部委级规划教材
　　ISBN 978-7-5180-5413-8

　　Ⅰ．①品…　Ⅱ．①卞…②曾…③马…　Ⅲ．①女服－服装设计－高等职业教育－教材　Ⅳ．① TS941.717

　　中国版本图书馆 CIP 数据核字（2018）第 218733 号

责任编辑：宗　静　　责任校对：楼旭红　　责任印制：何　建

中国纺织出版社出版发行
地址：北京市朝阳区百子湾东里A407号楼　邮政编码：100124
销售电话：010—67004422　传真：010—87155801
http：//www.c-textilep.com
E-mail：faxing@c-textilep.com
中国纺织出版社天猫旗舰店
官方微博 http://weibo.com/2119887771
唐山玺诚印务有限公司印刷　　各地新华书店经销
2018年9月第1版　2024年7月第2次印刷
开本：787×1092　1/16　印张：13
字数：200千字　定价：58.00元

前言

"艺术、创造力和幻想的世界一直非常神秘

从未有人揭示过

一个创意是如何产生的

一个服装产品是如何设计的

然而

我认为人们希望了解

因此我应该试图去解释"

　　服装与服饰设计专业是江苏高校品牌专业，女装设计是专业核心课程。本课程创新"专业与文化交融、传承与创新并举、线上与线下混合、学校与企业交替、任务与知识并行、正式与非正式学习共融"的教学改革理念。培养学生主动获取专业知识和技能等核心素养，提升学生的文化自信。

　　《品牌女装设计与技术》的编写涵盖了设计准备、衬衫设计与制作、裤装设计与制作、连衣裙设计与制作、大衣设计与制作五个项目31个任务，每个任务设计了配套的教学视频。主要参与编写和视频拍摄的教师为卞颖星、曾红、马德东、季凤芹、潘维梅、赵恺、王兴伟、陈丽霞、徐君。教材的编写强调以学习者为学习主体，依托国内知名时尚女装品牌设计任务，以培养学生女装设计职业岗位能力和创新创业能力为总目标；以培养学生设计思维能力和方法为技术目标；以培养学生艺术修养、创新能力、传承中国传统技艺文化为艺术目标；以培养学生观察能力、合作能力、工匠精神、科技意识、人文素养、数字素养为素质目标。

2018年1月

目录

项目一 设计准备

任务1 品牌女装产品设计开发流程

【任务内容】

品牌女装产品设计开发流程

品牌女装产品设计
开发流程

【任务目标】

1. 了解品牌女装发展现状
2. 品牌女装产品设计开发流程

1.1 任务导入——什么是品牌

"品牌（Brand）"一词来源于古斯堪的纳维亚语Brandr（图1-1），原意是"燃烧"，指的是生产者燃烧印章烙印到产品。意大利人最早在11世纪50年代在纸上使用品牌水印形式。奥美广告创始人大卫·奥格威（David Ogilvy）于15世纪50年代对品牌的定义是："一种错综复杂的象征以及品牌属性、名称、包装、价格、历史、声誉、广告风格的无形组合。"品牌专家大卫·艾克（David A.Aaker）的定义为："品牌就是产品、符号、人、企业与消费者之间的联结和沟通，也就是说，品牌是一个全方位的架构，涉及消费者与品牌沟通的方方面面，并且品牌更多地被视为一种'体验'，一种消费者能亲身参与的更深层次的关系，一种与消费者进行理性和感性互动的总和，若不能与消费者结成亲密关系，产品就从根本上丧失了被称为品牌的资格。"

图1-1　Brand

1.2　分析品牌女装现状

改革开放四十年，我国依靠稳定的经济环境、低廉的原料及人工成本，成为世界最大的服装代工国家。中国企业的成衣制造能力已十分成熟，成衣制造供应链也逐渐完善，越来越多的企业开始战略延伸，创立成衣品牌，希望能让企业拥有核心竞争力，获得更多利润。由于国内时尚行业发展的滞后，多年以来，服装品牌商主要引进和模仿国外服装，尤其是欧美发达国家的新技术和产品概念，能获得消费者的认同，而国内企业规模和经济实力不断提升，一些企业却忽略了培养自身产品创新的能力。

要具备核心竞争力就必须创立自主品牌，那么，什么是自主品牌呢？自主品牌（Self-owned Brand）是企业自主开发，拥有自主知识产权的品牌。自主品牌首先应强调自主，产权强调自我拥有、自我控制和自我决策，同时能对品牌所产生的经济利益进行自主支配和决策。

因此女装品牌就是女装企业自主开发，拥有一定市场保有量和市场地位，并有一定生产开发历史的服装品牌。企业拥有商标、包装、价格、历史、声誉、产品风格等无形资产组合，以便与消费者建立深层次的亲密关系。

自主女装品牌可以从多个角度进行分类，比较常见的是从目标客户群的年龄、区域派系及品牌的风格进行分类。按照目标客户群的年龄，可以将自主女装品牌分为少女装品牌、淑女装品牌和成熟女装品牌，由于各个年龄层的审美、身材和价值取向等差异，不同类型的女装品牌有不同的风格。比如少女装品牌的风格多为色彩清新、设计大胆和花纹卡通等，而成熟女装品牌则表现为面料高档、颜色华丽稳重、板型修身和设计保守等特色。

根据区域派系划分女装品牌，可分为北京品牌（京派或北派）、上海品牌（沪派或海派）、杭州品牌（杭派）、广东品牌（南派或粤派）、武汉品牌（汉派）、台湾品牌等。虽然各个地区的女装风格不同，但总的来说，还是存在一些共性。

随着消费者精神文化需求的提升，品牌女装的风格逐渐变得丰富，市面上出现了各种女装风格，如原创设计风格、欧美风格、职业休闲风格、波西米亚风，欧式宫廷复古、美式潮流、俄罗斯风情、韩流、日系、中式等。最近几年，中国的原创设计品牌越来越得到中国乃至外国消费者的青睐。这批原创设计品牌以其独特的产品设计风格和店铺形象（图1-2），表达着设计师的生命感悟与审美，与越来越多

图1-2　品牌女装店铺形象

的消费者产生共鸣。自主女装品牌从开始的盲目抄袭、模仿到现在有自己成熟的设计团队和设计开发流程，出现了一批优秀女装品牌，其产品和品牌不断得到国内外消费者的认可。

近年来自主女装品牌的发展呈现出以下几个趋势：

国外快时尚品牌纷纷入驻，其快速的市场反应机制和平民的价格获得了广大不同年龄段和不同消费能力的顾客的青睐，自主女装品牌也不断完善其设计开发流程并缩短产品的前导时间以满足顾客的期待。

电子商务模式的不断发展和完善，使一大批电商女装品牌崛起，为自主女装品牌的队伍增加新的力量。由于电商运营投资成本低、受众广等先天优势，不少有创意的品牌借助淘宝、京东等平台试水。它们大多风格鲜明、价格亲民，再加上网络信息的快速传播，短短十几年的时间内，大批电商品牌突破亿元销量额，成为传统线下品牌有力的竞争者。

市场上的女装品牌和产品名目繁多，多姿多彩，并且每一年、每一季都变换着不同的样式，令人目不暇接。

1.3 品牌女装产品设计开发流程

由于女装消费群体复杂的消费心理和消费行为习惯，使得品牌女装产品相对于男装和童装而言有比较突出的特色，设计开发流程需要有更加专业和系统的研发体系。由于女装消费群体购物频率更高、可选择范围要求更广，为了增进消费者对于品牌的忠诚度，企业需要开发大量新的款式，上货的波段也要更加密集，这就增加了产品设计开发流程的工作量。而女装产品的流行每年的变化都非常大，今年的库存产品会因为不符合明年的审美标准而急剧贬值，因此就要求对产品的品类结构、各品类的生产量、各型号的产量和上货波段安排等制定科学的规划，以减少过季库存、降低运营风险。

作为一个成熟的品牌女装，其运作流程大致有以下4个阶段：

（1）市场调研分析

由于女装消费群体对于流行资讯更加关注，对于流行元素更加敏感，所以女装消费群体在选购服装时非常看重服装款式、面料材质、色彩花纹、设计细节等方面的时尚感，这就要求品牌在专业的调研基础上，对当季流行元素进行总结，对下一季流行元素进行预测，最终设计开发出引领潮流的产品。那么，这种设计开发之前的调查研究包括哪些方面的内容呢？

首先，要分析本品牌以往产品的优缺点，从销售数据的统计分析来做出客户对于产品品类、色彩、面料、板型等方面的历史偏好，为下一阶段的产品企划提供历史数据支持（图1-3）。

其次，还要对市场上的竞争品牌进行调研，通常是通过网络、实体店及发布会等多途径了解竞争品牌的产品色彩、品类、面料、价格、畅销款的特点等，通过全面分析，得出科学数据（图1-4），来帮助本品牌更好地进行产品企划设计。

另外，对于潮流趋势也要进行全面的调研，从面料市场（图1-5）、各大时装周、品牌发布会（图1-6）、各类线上线下时尚资讯等多方面扩展设计视野，结合企业自身风格定位来总结设计思路。

图1-3 设计开发团队与销售团队进行销售数据分析

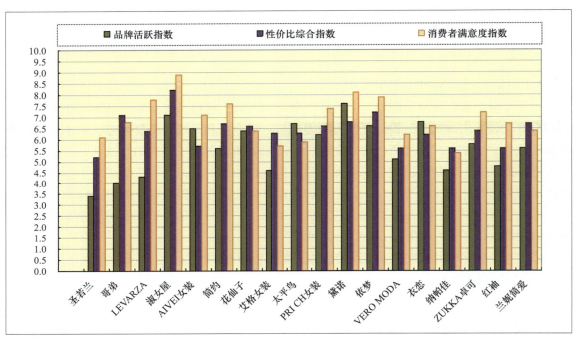

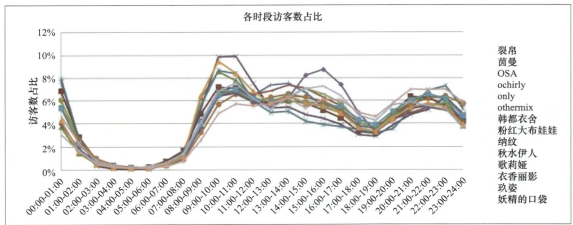

图1-4 品牌女装市场调研数据分析

图1-5 面料市场

图1-6 品牌女装发布会

最后，最好还要对终端零售市场进行调研，一线员工长期与客户交流，他们对于顾客需求和市场行情往往有不同的理解，将他们的看法和建议作为补充，能使企划设计更加充实饱满（图1-7）。

相对而言，女装消费群体购物频率更高，并且期待在购物时有更多的选择，所以品牌女装的新款开发数量往往更大，上货波段也设计得更加密集。

（2）产品企划开发

在完成调研分析之后，就要进行产品企划了（图1-8）。产品企划开发是服装企业核心工作流程，主要工作分为两大部分，一部分是生产计划，解决的是生产什么品类，每个款式设置多少个码，每个码生产多少件和什么时间上市等问题。另一部分是产品设计开发，解决的是在什么设计主题下，生产出什么样风格的系列产品。

图1-7 终端销售人员工作现场

图1-8 产品企划现场

产品设计开发的工作内容包括了设定主题方案和绘制产品设计图稿（图1-9），主题方案是在调研的基础上，用图像和文字结合的形式，展示主题和色彩、面料、廓型、设计细节及配饰等。

图1-9 产品企划主题

产品设计图稿通常包括效果图和平面图，这些图稿会展示服装的所有设计细节，每件服装的款式、色彩、廓型、面料辅料等都要表达明确，其中面料辅料还会尽量使用实物小样装订在画稿上（图1-10）。

图1-10　产品设计图稿

接下来公司会组建一个审核团队，由设计部、货品部、销售部、生产部等相关部门人员和客户代表组建，共同对服装的平面设计图做出评价及修改的建议。审核通过的设计图就可以制成样衣实物，在制作过程中需要进行打样制板和裁剪缝制等流程（图1-11），这个过程需要设计师、板师、样衣师一起交流沟通，最终制成满意的样衣成品。这种单件的或一个系列的样衣被称为"产前样"（图1-12）。样衣经过模特试穿和修改之后就可以编制工艺规格单，为大货生产做好准备。

图1-11　制板裁剪

图1-12　产前样

（3）组织生产

许多品牌女装在组织大货生产之前还有产品展示的环节，为了更有针对性地将产品推荐给地区代理商和店长，企业会举行新品发布会和订货会（图1-13），根据与会者的反馈，修订大货生产计划。

当设计开发技术文件齐全，所有物料到位后，根据生产计划，就可以进行大货生产了（图1-14）。经过物料检验、排料、裁剪、缝制、锁眼钉扣、整烫、成衣检验、包装入库等

图1-13　发布会或订货会

图1-14　大货生产

工序后，产品的生产任务就算基本完成了。

（4）上市销售

这些包装好的女装成品被运输到各个地区和城市的门店，通过陈列师的精心搭配和陈列，就是卖场销售的女装产品（图1-15）。

图1-15　陈列销售

任务2　品牌女装产品企划分析

【任务内容】

品牌女装产品企划分析

企划主题分析及设　　企划主题分析及设
计任务下达主题1　　计任务下达主题2
fake经典　　　　　东方华梦

【任务目标】

学会分析品牌女装产品企划案

2.1　解读某品牌女装2018秋冬企划案

每个品牌都有自己鲜明的特点和品牌内涵，设计师在面对奇思妙想的灵感火花时，必须要有能力从中提取出适合自己所服务的品牌的那一部分设计。接下来解读一下某品牌女装2018秋冬主题方案中的两个主题：东方华梦、正视消耗。

2.1.1　主题1：东方华梦（图2-1）

中国在世界舞台中始终有着像梦一般神秘而精彩的想象，各种中国元素如碎片一般，热闹活跃地聚合在一起，成为世界舞台中令人心驰神往的梦境。

图2-1　"东方华梦"企划主题图片

（1）第一个小主题：灯火饕餮（图2-2）

灵感来源于2016年的纪录片《我在故宫修文物》，影片重点记录故宫中书画、青铜器、宫廷钟表、木器、陶瓷、漆器、百宝镶嵌、宫廷织绣等领域的稀世珍奇文物的修复过程和修复者的生活故事，使故宫的金碧辉煌重获新生。

随着世界文化和经济的融合，中国的节日正以她独特的感染力蔓延至全球，产生一种全球张灯结彩一起欢庆中国节日的文化现象。

图2-2　"灯火饕餮"小主题图片

①本主题关键词：热闹、跳跃、大胆、梦幻。

②图案解读：传统纹样极富生命力又具中国气质，用亮片绣、刺绣、针织提花、扣子拼绣等工艺手法均可以很好地表现。稍作变形的动物、人物、花卉等图案题材，经过刺绣、贴布绣、亮片绣等工艺表达，丰富而有趣（图2-3）。

③面料解读：亮片面料不再是规规矩矩的整身面料，还有规则及不规则的局部绣亮片装饰面料。传统纹样在毛呢面料上进行局部刺绣，光泽压花、高温压皱面料，表现出丰富的光影和肌理感（图2-4）。

图2-3　"灯火饕餮"图案解读　　　　　图2-4　"灯火饕餮"面料解读

④廓型解读：廓型在"大廓型"趋势下进行细节的变化，外套以落肩宽松和超长长度为主要特点，裤装在微喇叭的趋势下，变得更为夸张肥大（图2-5）。

⑤裁剪缝纫解读：长裙和阔腿裤的开衩设计帅气利落，毛衫及外套侧边、袖子等部位也出现了别出心裁的开衩设计。水袖作为传统戏剧中的代表元素极具特色（图2-6）。

图2-5 "灯火饕餮"廓型解读　　　　图2-6 "灯火饕餮"工艺解读

（2）第二个小主题：墨彩喁语（图2-7）

灵感来源于艺术气息浓厚的澳柯玛风扇广告，中国艺术不仅是龙凤图腾和花鸟鱼兽，中国艺术可以更具创意。

彩色水墨和现代趣味设计的结合无疑是最别具一格的拍档，高明度、高纯度的清亮色调，趣味印花，卡通图腾，彩色水墨等图案体现在改良旗袍、中性风衣、休闲外套上，打破传统的收腰包臀的廓型，采用休闲中性的直筒轮廓，搭配趣味重彩的水墨图案，这些中西结合的文化是中国的也是世界的。

图2-7 "墨彩喁语"小主题图片

①本主题关键词：重彩、趣味、水墨。

②图案解读：通过扎染真丝面料呈现水墨纹理，使用刺绣、贴布、植绒手法将幽默简笔人物图案表现的趣味十足，创意人物印花，单独纹样或连续纹样的排列，简洁生动、趣味横生（图2-8）。

③面料解读：真丝面料、镭射图层面料充棉绗缝，看起来更加轻松时尚；尼丝纺面料充棉绗缝，起皱、菱形、条纹、立体浮雕效果，增加了视觉设计感（图2-9）。

④廓型解读：H型棉服，下摆收口，休闲运动廓型，棒球领和螺纹袖口相互呼应。长款休闲棉服，松垮廓型，明亮色彩，印花图案增加趣味性。宽肩外套，夸张外扩的肩部，立体

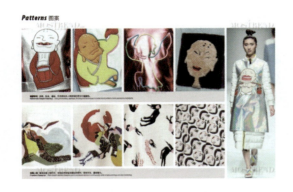

图2-8   "墨彩喁语"图案解读

图2-9   "墨彩喁语"面料解读

线条充满涂鸦趣味（图2-10）。

⑤裁剪缝纫解读：扩肩采用无肩缝的外扩设计，形似连袖，袖口宽松，中性时尚，配以螺纹和压线，增加设计感。中式小立领、现代感拉链元素、不对称交叉设计、斜肩、露肩、外贴装饰口袋等细节融入整个系列中（图2-11）。

图2-10   "墨彩喁语"廓型解读

图2-11   "墨彩喁语"工艺解读

（3）第三个小主题：重塑运动（图2-12）

灵感来源于飞跃球鞋，曾有着86年历史，在中国已经销声匿迹，如今在法国死而复生，在商业运作下，被时装小怪人们大力追捧。20世纪80年代新旧观念的冲突交锋中，万事万物

图2-12   "重塑运动"小主题图片

都散发出蓬勃而生涩的活力，现代人们不堪承受社会压力，通过复古怀旧对往日进行着不断的重塑。

①本主题关键词：块面感、复古感、宽松、80年代校园。

②图案解读：花卉和动物图案通过单色刺绣、钉珠、立体盘线刺绣，定位镂空刺绣等手法在突出东方剪影的同时，带来怀旧感（图2-13）。

③面料解读：面料上保留运动服上常用的罗马布、罗纹针织、功能性面料后，大胆使用缎面和丝绒，既保留舒适性，又能让复古和时尚的味道更好地融合（图2-14）。

图2-13 "重塑运动"图案解读　　　　　　图2-14 "重塑运动"面料解读

④廓型解读：宽松的茧型针织衫，中长阔腿裤，肩部夸张的长款外套，在廓型上让校园运动风进行现代感的表达（图2-15）。

⑤裁剪缝纫解读：夸张戗驳领、内搭系带抽绳、装饰拉链、衣边开口、螺纹收口，在结构细节上将功能性与装饰性进行现代演绎的结合（图2-16）。

图2-15 "重塑运动"廓型解读　　　　　　图2-16 工艺解读

（4）第四个小主题：混搭军风（图2-17）

灵感来源于摄影师时晓凡的作品，带着中国政治和军事的元素，蕴藏着浓厚的历史气息。无论在纯艺术创作还是商业创作中，时晓凡所探索的主题都与时尚产业和中国社会相关，诸如个人主义与集体主义的关系，以及对中国文化不断提升的信心。越来越多的创作作品以近现代的中国为背景展开，以诙谐的方式、理性的视角重述历史。军装体现集体主义精

图2-17 "混搭军风"小主题图片

神，但时尚讲究个性表达，挖掘历史中的军旅元素，融合现代时尚审美，体现出一种积极的新鲜感。

①本主题关键词：休闲、混搭、街头、舒适、随性。

②图案解读：戏谑性、无厘头、趣味感文字运用，削减军旅严谨形象，增加叛逆元素，打破传统中国风（图2-18）。

③面料解读：面料丰富，层次分明。聚酯纤维面料、针织面料、精纺面料绗缝填充，将原本严肃的军装休闲化、个性化（图2-19）。

图2-18 "混搭军风"图案解读　　　　　图2-19 "混搭军风"面料解读

④廓型解读：H型大衣外套，落肩、超长袖，松散的腰带，慵懒气质与威严军风戏谑性组合在一起。打破军装严谨的结构，自由混搭，一衣多穿，无性别穿搭，顿生街头叛逆感。宽松裤休闲舒适，传达轻松运动感（图2-20）。

⑤裁剪缝纫解读：织带在各个部位的创新装饰设计，大胆新潮。口袋的结构性设计，体现浓浓趣味感（图2-21）。

2.1.2 主题2：正视消耗（图2-22）

我们如何保护因人类的过度消耗而饱受创伤的地球？如何直面并积极应对消耗产生的负面效应？未来人类的生存环境会如何进化？这是值得每个人去探索的。

二次处理的面料，经过二次改造、拼接、编织或散边手法，结合自然的苔藓风貌纹理，

图2-20 "混搭军风"廓型解读

图2-21 "混搭军风"工艺解读

图2-22 "正视消耗"企划主题图片

宣示了对人类消耗的循环利用。同时，皮草等珍贵自然材质也可以通过再处理，或人工仿制，得到更高的使用价值。

（1）第一个小主题：疤痕（图2-23）

灵感来源于英国艺术家爱德华·费尔本的作品，利用地图上的道路、河川、山脉为点线面，勾勒出精细的人脸肖像，这些画像不是随意铺陈在纸上的，它的每一个轮廓、每一条线条甚至每一个色块，都对应着地图上真实的存在。

地球资源不断被消耗，人类给地球带来了很多创伤，如何才能在"疤痕"中找寻

图2-23　"疤痕"小主题图片

美丽。

①本主题关键词：腐蚀、破洞、修复、剥落感。

②图案解读：开裂的墙皮，干涸的土地，破碎的山川，大地肌理感，再稍稍加上一些点缀，通过缉明线、贴布缝补和印染等方法来呈现（图2-24）。

③面料解读：混合纱线针织面料，穿插缝补一些不同颜色或不同粗细的毛线，会呈现一种新的面料风貌。破洞针织面料，在制造的过程中通过漏针的方法或者挤压同个地方纱线的方法达到镂空破碎感。二次再造面料，在一种面料上粘压缝补其他面料，再磨破表面一层面料透出下层面料，如水洗磨破牛仔（图2-25）。

图2-24　"疤痕"图案解读　　　　　　　　　图2-25　面料解读

④廓型解读：廓型有超长袖破洞针织衫，落肩H型外套，宽松收脚裤，长款开衫外套等（图2-26）。

⑤裁剪缝纫解读：不对称门襟，不对称青果领，不对称裤子拉链，不对称袖子，超长袖型，宽高领型，随性宽大翻领（图2-27）。

（2）第二小主题：隐约重塑（图2-28）

灵感来源于英国设计师Paula Gerbase的品牌1205，采用简单色彩结合优质面料，依靠传统精致的剪裁工艺，极力追求男性主义和女性主义之间的平衡，表达无季节、无性别的生活理念，模糊界限的概念，重塑人类的生存方式。

①本主题关键词：飘逸、隐约、极简、舒适。

图2-26 廓型解读　　　　　　　　　　　图2-27 工艺解读

图2-28 "隐约重塑"小主题图片

②图案解读：Catarina（卡特琳娜，一种月季花品种）花型，运用水溶绣、烂花、压印、提花等工艺手法，带来隐约朦胧感（图2-29）。

③面料解读：一层或多层薄薄的纱，柔则飘逸灵动，挺则补充廓型，既能丰富层次，又能带来细腻神秘的气息（图2-30）。

图2-29 "隐约重塑"图案解读　　　　　　图2-30 "隐约重塑"面料解读

④廓型解读：微茧型廓型既时尚又不夸张，包容性强，更好地诠释无界限的理念（图2-31）。

⑤裁剪缝纫解读：隐性的裁剪方式，干净而利落，落肩、袖部开衩、直裁口袋等廓型细节（图2-32）。

图2-31 "隐约重塑"廓型解读   图2-32 "隐约重塑"工艺解读

（3）第三个小主题：基本华丽（图2-33）

灵感来源于金缮师王珊的作品，娴熟的手艺将金色流线顺着裂纹流淌，仿佛沐浴着金色阳光的汩汩细流，呈现一种时光流逝之感。摒弃华丽繁复的设计，在简约的廓型上做出精要的点缀，呈现出精致的本质。质朴的面料运用金属装饰，将奢华隐于平凡，也宣示了一种现代人的生活理念。

图2-33 "基本华丽"小主题图片

①本系列关键词：基本、精致、华丽点缀。

②图案解读：图案以带状图形和蒙特利安的几何图形为主，简洁又赋有特色感的图形为服装增添时尚感（图2-34）。

③面料解读：毛呢面料为主要面料，烫金、长绒呢、斜纹、平纹等来诠释主题的质朴感。丝绒面料、珠光面料和哑光感的皮革面料作为搭配面料（图2-35）。

④廓型解读：极简休闲的廓型款式，线条简洁明确，以H型为主，突出了基本华丽的简约感（图2-36）。

⑤裁剪缝纫解读：方形戗驳领，领口位置拉长、偏低，腰部和下摆的不对称裁剪，都采用平直的线条（图2-37）。

图2-34　"基本华丽"图案解读

图2-35　"基本华丽"面料解读

图2-36　"基本华丽"廓型解读

图2-37　"基本华丽"工艺解读

（4）第四个小主题：游牧情怀（图2-38）

灵感来源于英国摄影师吉米·尼尔森的作品集《消失前》。他环游世界3年，为35个即将消失的民族拍摄照片，记录独具特色、多姿多彩的民族生活和特色文化。吉米表示："我们无法停止世界的脚步，但是我们能够尽自己的努力来鼓励这些少数民族不要摒弃自己独具美丽的民族文化宝藏。"

游牧民族最具代表性，游牧生活是游牧文化取之不尽用之不竭的源泉，游牧是对草原生态环境的最佳保护方式，游牧文化有非常好的制约草原机制。随着自然的消逝，人们开始向

图2-38　"游牧情怀"小主题图片

往回归丛林、草原的原始生活，游牧装束也成为新的时尚追崇。

①本主题关键词：皮草、游牧、斑驳、丛林。

②图案解读：虎纹、豹纹等野性纹理，通过烫钻、钉珠、胶浆印等工艺手法，生动而丰富的呈现，剪影或平面图形化的运用方式是本主题的图案重点（图2-39）。

③面料解读：编织、短绒、麂皮、混纱，以麂皮或短绒毛呢为主要材质，搭配编织感的辅助材料，表现自然游牧的特征（图2-40）。

图2-39　"游牧情怀"图案解读　　　　　　图2-40　"游牧情怀"面料解读

④廓型解读：精炼的外套、斗篷或者马甲，搭配短裙、直身连衣裙，演绎游牧风格的自由随性，同时追求时尚感（图2-41）。

⑤裁剪缝纫解读：简洁干净的裁剪，无论领口、袖部或下摆，都采用线性处理手法，运用少许微褶裥点缀（图2-42）。

图2-41　"游牧情怀"廓型解读　　　　　　图2-42　"游牧情怀"工艺解读

解读了以上两个企划主题方案，设计就有了明确的方向，设计师根据企划主题方案中呈现的内容，以自身的理解，结合品牌定位，进行女装产品设计。围绕主题进行的设计元素筛选、设计语言提炼、设计内容取舍等都有了依据。主题方案就是产品的创意性元素，设计师可以运用它来创作"戏剧"，倾诉"故事"，引发消费者的共鸣，设计者通过设计元素对主题进行表达和把握，与欣赏者进行沟通与交流，产生共鸣。

2.2　任务拓展

什么是服装设计？不同的人给出的答案可能不尽相同，有人认为是创作美丽的、好看的服装，有人认为是创作时髦的、流行的服装，还有人认为应该是开发更加舒适的、具有新功能的服装。但真正接触服装行业的人都知道，服装设计不仅仅是选择合适的材料制作出服装样式那么简单，其中最重要的龙头环节就是产品企划，关系到整个品牌的基础定位以及整体设计方案和设计思维的表达。

一份服装产品企划案究竟是什么样的呢？最常见的是使用图多字少的主题方案表达方式，一个主题方案最终对应一个或多个系列服装产品（图2-43）。

图2-43　主题方案

"主题"是什么？是一种概念，是一组设计作品的精髓所在，它会使服装系列设计独一无二且颇具个性。一名优秀的设计师会挖掘自我的个性、兴趣以及对周遭世界的看法等诸多方面，然后将其融于赏心悦目、有所创新和令人信服的系列设计中。设计者通过设计元素对主题的表达和把握，与欣赏者进行沟通交流，使欣赏者读出其中的神韵，与之产生共鸣。设计有了主题就有了明确的方向，围绕主题进行的设计元素筛选、设计语言提炼、设计内容取舍等都有了依据，因而原创女装产品的设计不能离开主题的定位。

品牌女装中的"系列"又是什么呢？是指具有共同特征的产品属性归类。在一组产品中至少有一种共同元素，这个共同元素可以是风格、款式、面料、色彩或工艺等。一般一个系列产品会在一个货品架上展示和销售，专业的色彩企划可以更好地营造卖场氛围，系列产品的策划可以减少货品陈列规划的工作量，使店铺卖场有更强烈的视觉冲击力。系列中品类的相互搭配，不仅能提升品牌形象，而且能很大程度地促进销售业绩提升（图2-44）。

一份主题企划方案必须能同时表达出设计灵感和设计元素。

什么是灵感？灵感是突然在头脑中闪现的创造性想象力，是精神物质转化为艺术创作或科学研究的表现，是经过思想高度集中的思考和实践运用，所产生的启发式的方法和思路。"灵感"一词来源于希腊文，原指"神的气息"，有"吸入灵气""充满灵气"的意思。根据朱光潜先生在《西方美学史》中的考证，"灵感"是指艺术家和诗人在进行艺术创作时，吸入了神的灵气，从而使作品拥有超凡脱俗的魅力，或是神的灵气依赖在诗人或艺术家的身

图2-44　品牌女装系列

上，把灵感通过艺术作品或诗歌传递表达出来，因此艺术家和诗人只是神意的传达者。将"灵感说"上升到艺术创作层面的是柏拉图，柏拉图认为灵感是文艺创作的源泉与动力，柏拉图的"灵感说"直接影响了西方后世学者对灵感问题的基本认识，他将灵感比作"磁石"，认为"诗神就像这块磁石，首先给人灵感，得到这灵感的人们又把它传递给旁人"。在柏拉图看来，诗人是凭借灵感来进行创作，这种神灵凭附的灵感会使人进入一种迷狂状态。梁启超（1873～1929）在1901年首次把"inspiration"音译成"烟士披里纯"，并加以介绍，"此心又有突如其来，莫之为而为，莫之致而至者。若是者，我自忘其为我，无以名之，名之曰'烟士披里纯'。'烟士披里纯'者，发于思想感情最高潮之一刹那顷"。虽然迟至二十世纪初，"灵感"一词才出现在中国，但很快便广泛地被人们接受和运用。虽然中国古代文献中没有直接使用过"灵感"这一词汇，但是其中并不乏很多对灵感问题的思考，例如刘韶的"神思论"，在刘韶看来，"神思"是一种不受时空限制的奇妙的思维能力，"文之思也，其神远矣""思接千载，视通万里"；严羽的"妙悟说"，在《沧浪诗话》中提到"诗者，吟咏情性也。其妙处透彻玲珑，不可凑泊，言有尽而意无穷"；陆游的"文章本天成，妙手偶得之"等。这些在语义上都与西方的"灵感说"极为相近。从这些灵感展示的状态来看，灵感多为和艺术创作的想象力紧密联系，在陷入不自觉的思维状态时审美情感高度激发而获得创造力的迸发。

　　设计元素通常包括图案、色彩、面料材质、廓型、裁剪缝纫等方面，设计师在进行产品设计之前必须对这些元素进行解读分析，最终按照自己的审美倾向和想象力对这些元素进行取舍和综合运用，创造出全新的女装产品（图2-45）。

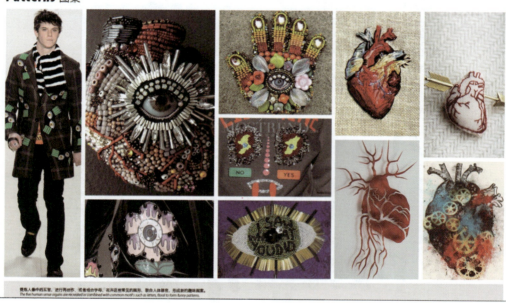

(1) 图案

(2) 色彩

图2-45

*Materials*面料材质

(3) 面料材质

*Silhouettes*廓型

(4) 廓型

*Tailoring*裁剪缝纫

(5) 裁剪缝纫

图2-45　设计元素

任务3　品牌女装设计主要思维方法

【任务内容】

1. 服装设计的主要思维过程
2. 服装设计的主要思维形式
3. 服装设计的主要思维方法

服装设计的主要
思维过程与方法

【任务目标】

1. 学生通过案例分析、讨论，能了解发散联想思维的途径、路线和方法
2. 学生通过典型案例的分析、思考，能了解什么是仿生设计法

3.1　任务导入

　　瑞士工程师乔治·德·米斯特劳外出打猎时发现自己的裤子、身边的猎犬都粘了大量苍耳（图3-1），他发现带刺的苍耳在狗毛和人发上（图3-2）粘得尤为牢固的原因是苍耳身上的小刺并不是直的，而是像一根根小钩子，这启发他发明了类似于纽扣和拉链功能的尼龙搭扣（图3-3）。这个故事告诉我们，洞察力、好奇心和想象力是影响创意思维的三大因素。在对生活现象保持好奇心和不断磨炼自己的洞察力的前提下，科学的创造性设计思维方法是设计师必备的基本功。

图3-1　苍耳

图3-2　苍耳粘在人发上

图3-3　尼龙搭扣

3.2　创意思维——典型案例分析

　　中国有句俗语："种瓜得瓜，种豆得豆"，体现了劳动人民辛勤耕耘的朴实生活，在这句话的基础上，我们跳出惯性思维，创新性思考我们耕种的瓜是否能收获豆，耕种的豆是否能收获瓜，即"种瓜得豆，种豆得瓜"。或者再大胆一些："种瓜得咖，种豆得花"。请问这三句话哪个更能体现创造性思维？"种瓜得瓜，种豆得豆"是人们最直接的惯性思维，不利于设计思维的拓展。"种瓜得豆，种豆得瓜"是逆向思维的体现，能在现状基础上进行反向突破，是创意设计的一种常用思维形式。"种瓜得咖，种豆得花"强调的是发散思维，最能启发创造性的设计行为。

创造性思维是以开放的思维态度和思维的发散为前提,从问题的中心出发,按照各种线索发散,不同的逻辑起点,走的是不同的逻辑路线,路线中的站点和终点随时能激发设计想法和方案(图3-4)。发散想象中有科学思维的理性成分。

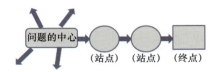

图3-4　创造性发散思维示意图

我们用发散思维诠释由"瓜"到"咖"等事物的创造性思维过程。找到第一个兴趣点或问题的中心点——"瓜",也是发散思维的起点,选取"瓜"的文字素材和图片素材,加以分析研究,从"瓜"的不同角度发散第一层联想(图3-5):第一,由色彩引发的联想:红色是中国的代表性色彩之一,黑色皮肤象征健康等;第二,由食用用途引发的联想:联想到火锅,夏天吃西瓜,防暑降温,冬天吃火锅,增加身体热量;第三,由切片的瓜形引发的联想:联想到中国十大名山,世界文化与自然遗产的黄山;第四,由西瓜主要构成物质引发的联想:水分充足是西瓜的典型特征,由水的液体特质联想到牛奶。

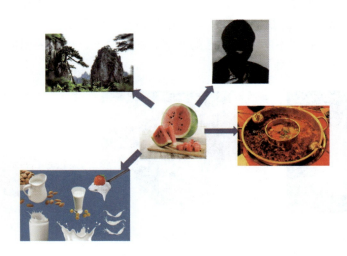

图3-5　由"瓜"的不同角度发散第一层联想

再将发散的每一条线索继续发散:第一,黑色皮肤联想到黑巧克力,再顺势联想到住在黑洞中黑色的蝙蝠。第二,火锅是冬天取暖的一种方式,继而联想到取暖的另一种方式是穿厚衣,戴毛线帽,再顺势联想到怕冷南飞的燕子。第三,黄山联想到著名景点迎客松,山石上"迎客松"的字联想到刻字,刻字联想到三生石。第四,牛奶联想到奶茶,再联想到咖啡。

由"瓜"到"咖"等事物的过程呈现了大脑进行发散性思维的过程,我们以思维导图的形式加以说明(图3-6)。

图3-6　由"瓜"继续引发的联想

3.3　仿生设计法——典型案例分析

设计师可以在思维导图中找到一个或多个兴趣点，模仿兴趣点，用仿生法进行设计：将这些自然界、生物界的某种形象，或来自各种客观实物的形象提取出来作为灵感来源，进行专项的深入分析和研究，对其关键因素进行提炼、简化、概括，综合考虑设计要求、设计思想、客观启示、美学意义、服装结构等，进行联想启发设计，用组合法将其与现代服装设计理念与要求相结合，最终确定设计方案（图3-7）。

例如，盛行于中世纪欧洲宫廷礼服的燕尾服（图3-8），其后衣片的开衩设计如燕子的尾巴（图3-9），堪称自然素材中获取服装创意的典范。再以盛行于20世纪80年代的蝙蝠衫

图3-7　仿生设计

图3-8　燕尾服

图3-9　燕子

为例（图3-10），其袖幅宽大，与衣侧相连，张开后形似蝙蝠（图3-11），也是效法自然的成果。灵动的流水启发了服装设计中流苏的运用，借鉴岩石的纹理做出层叠效果。这些都是在创造性发散思维的基础上用仿生法和组合法创新服装设计，是设计者萌生创意的常用思维和方法。

图3-10　蝙蝠衫

图3-11　蝙蝠

　　女装设计发散思维的出发点，可以从该品牌企划方案主题及其延伸的图片或文字信息中提取，找到自己的兴趣或问题素材，多线索发散，再围绕主题仿生、变化、重组、设计，以此塑造品牌形象，改善女装市场的同质化现象。

　　在女装设计实战时需合理运用创造性设计的思维与方法。

思考与练习

1. 设计师更应具备哪些思维素养：惯性思维、逆向思维还是发散思维？
2. 试着找寻并发现我们身边有哪些仿生设计的案例。

项目二　衬衫设计与制作

任务4　分析衬衫的款式和分类

【任务内容】

1．衬衫的款式特征

2．衬衫的主要分类

【任务目标】

1．学生通过对基本型衬衫款式的主动观察、思考和分析，能了解基本型衬衫的主要特征

2．学生通过对不同款式衬衫的观察、对比和思考，判断出不同款式的衬衫所适用的场合

4.1　任务导入

中国周代衬衫称中衣，后称中单（图4-1）；汉代称近身的衫为厕腧；宋代已用衬衫之名；现称之为中式衬衫。公元前16世纪古埃及第十八王朝已有衬衫，是无领、无袖的束腰衣；14世纪诺曼底人穿的衬衫有领和袖头；16世纪欧洲盛行在衬衫的领和前胸绣花，或在领口、袖口、胸前装饰花边；18世纪末，英国人穿硬高领衬衫；维多利亚女王时期，高领衬衫被淘汰，形成现代的立翻领西式衬衫；19世纪40年代，西式衬衫传入中国。衬衫最初多为男用，20世纪50年代渐被女子采用，现已成为常用服装之一。

图4-1　中衣

4.2　分析衬衫的款式和分类

思考：请说出图4-2的基本型衬衫由哪些主要部件组成？

图4-2 基本型衬衫

基本型衬衫主要由衬衫领、衣身、门襟、贴袋、袖子、袖克夫、袖衩、肩育克等主要部件组成，是穿在内外上衣之间或单独穿用的上衣。

讨论：请问图4-3的衬衫分别穿用于什么场合？你知道它们是什么类型的衬衫吗？

图4-3 女式衬衫

（1）按照穿着场合分类

按照穿着的场合主要分为：正装衬衫、休闲衬衫、度假衬衫。

正装衬衫大多适用于重要的社交活动，如商务活动、宴会、晚会、庆典等（图4-4）。穿在内衣与外衣之间，其袖窿较小，讲究剪裁的合体贴身，领及袖口内均有衬布以保持挺括效果，便于穿着外套，根据搭配礼服或正装的不同，领子及前襟处采取不同的设计形式。面料以纯棉、真丝等天然质地为主，其品质精美，有艺术感，色彩以白色或浅色为主，用于礼服的衬衫一般只采用白色，搭配深色西装，男性需搭配深色领带，以显庄重。

图4-4 正装衬衫

休闲衬衫适用于上班和日常活动（图4-5），不改变或较少改变基本型衬衫的主要款式特征，通常单独穿用，袖窿相对较大，便于活动，以宽松舒适的款式为主。可采用单色、条纹、格纹等图案设计形式，面料以纯棉、纯麻、纯毛等讲求舒适的质地为主，不过分讲究高级质感或特殊效果。一般配搭毛衣、便装裤等。由于学院的着装气氛极为宽松，休闲衬衫也是许多学院学生和教授的日常着装。

相对合体的休闲衬衫搭配西装穿着时既能保持绅士派头，又显得轻松帅气，逐渐受到一些讲究品位的年轻新贵的喜爱。

图4-5 休闲衬衫

度假衬衫款式上完全没有束缚，板型剪裁更加自由，以轻薄的纯麻、纯棉、真丝、雪纺等质地的面料居多，衣领和袖口不使用衬布（图4-6）。款式、色彩、花型设计可轻松随意、清新淡雅，也可大胆奔放、风情万种。受

图4-6 度假衬衫

到殖民地时期文化和热带度假风潮的影响，度假衬衫一般以纯麻为正统，可搭配度假西装、西裤，以及针织服装等。

（2）按照面料成分分类

按照面料可以分为纯棉、纯麻、真丝、雪纺衬衫以及棉麻、丝棉、丝麻等材质混纺的衬衫。

纯棉衬衫一般成分为100%棉纤维，自然舒适、透气柔软、光泽柔和，具有优良的贴身舒适性和温暖感（图4-7）。

图4-7 纯棉衬衫和面料

麻衬衫的面料主要成分是亚麻纤维和苎麻纤维，麻织物表面的纱线粗细不匀，具有条影明显的特征，外观清爽挺括，风格粗犷、休闲、原生态（图4-8）。

图4-8 麻衬衫和面料

真丝衬衫的面料主要成分是蚕丝中的桑蚕丝，桑蚕丝细腻光滑，光泽柔和明亮，轻盈滑爽，华丽富贵，弹性好，适合做贴身的服装，是中高档服装（图4-9）。

雪纺衬衫根据使用原料可分为真丝雪纺、涤纶丝雪纺等，真丝雪纺面料质地柔软，自然垂感好，具有轻薄飘逸通透的特性（图4-10）。涤纶丝雪纺一般成分为100%涤纶，由于是纯化纤的，它不易脱色，不怕暴晒，打理起来很方便，可机洗，牢固性好。真丝雪纺成分是

图4-9　真丝衬衫和面料

图4-10　雪纺衬衫和面料

100%的桑蚕丝（天然纤维），长期穿着对人的皮肤很好，凉爽透气，吸湿强，这些是仿真丝雪纺所达不到的。但真丝雪纺也有一些方面是不如仿真丝雪纺的，例如洗多后容易变灰变浅，不能暴晒，需要手洗，牢固性差等。

（3）按照衬衫领型分类

对衬衫来说，最考究的部位是领子，虽然领子所占的面积比例不大，但是它最靠近人的脸部，是视觉中心，能给人留下强烈的印象。由于领子直接关系到衬衫的整体效果，因此对它的式样、质量、尺寸、设计、制作要求较高。从衬衫领子的款式设计角度来介绍几款典型的男式和女式衬衫领型：

标准领：长度和敞开的角度走势平缓的领子，大体上领尖长（从领口到领尖的长度）在85～95mm之间，左右领尖的夹角75°～90°，领座高为35～40mm（图4-11）。这种衬衣常见于商务活动中，是最常见、最普通的衬衫款式，因而也最容易搭配。它不受年龄因素影响且适合任何脸型。

敞角领：也叫宽角领，左右领子的敞开夹角比标准领大，一般在120°～160°。领座也略高于标准领，一般与英国式的西服相搭配（图4-12）。

纽扣领：领尖以纽扣固定于衣身的衬衫领，典型美国风格的衬衫，原是运动衬衫，现在也作为西服衬衫使用（图4-13）。

温莎领：也叫一字领，左右领子的角度在170°～180°。这是敞角领的一种极端发展状

图4-11　八字领

图4-12　敞角领

态。领尖长略长于标准领，领座高也略高于标准领（图4-14）。

长尖领：同标准领的衬衫相比，领尖较长，多用作具有古典风格的礼服，通常为白色或素色，部分带简洁的线条（图4-15）。

图4-13　纽扣领

图4-14　温莎领

立领：只有领座部分而没有领页，领座直接立起，形似带子，又称中式领（图4-16）。这种领子一般不系领带，多用于轻松活泼的休闲类西服。

礼服领：又称单领，也叫翼形领。立领的前领尖处向外折翻小领页，形似鸟翼而得名，通常用于燕尾服、晨礼服、塔克西多等礼服配套，一般系蝴蝶结而不系普通领带。大部分衣身左右两边各有12道对称的0.25cm细褶（图4-17）。

图4-15　长尖领

图4-16　立领

从男式衬衫演变延伸而来的女式衬衫，其领型有圆角领（图4-18）、娃娃领（图4-19）、蝴蝶结领（图4-20）、立领（图4-21）、无领（图4-22）等。

图4-17 礼服领

图4-18 圆角领

图4-19 娃娃领

图4-20 蝴蝶结领

图4-21 立领

图4-22 无领

4.3　服饰文化拓展——衬衫发展历史

在现代生活中，衬衫是男子服装必不可少的一种形式，无论春夏秋冬，穿着都很普遍。但衬衫并非是与生俱来的，而是随着人类文明的发展，从古代的贴身内衣，经过漫长的历史演变，最终成为今天被人们广泛认可的正式服装。

4.3.1　在中国的兴起

中国周代衬衫称中衣，后称中单，宋代已用衬衫之名。现称之为中式衬衫。衬衫原来是指用以衬在礼服内的短袖的单衣，即去掉袖头的衫子。在宋代便是没有袖头的上衣，有衬在里面短而小的衫，也有穿在外面较长的衫。清末民初之际，由于欧风东渐，人们开始穿西装，把衬衫穿在西服的里面。

4.3.2　在欧洲的历史

公元前16世纪古埃及第十八王朝已有衬衫，是无领、无袖的束腰衣。

14世纪诺曼底人穿的衬衫有领和袖头。文艺复兴早期，内衣变短，在英语中已被称为shirt，即衬衫，指亚麻布制成的宽松白色内衣。

16世纪欧洲盛行在衬衫的领和前胸绣花，或在领口、袖口、胸前装饰花边或配饰。

18世纪末，英国人穿硬高领衬衫。维多利亚女王时期，高领衬衫被淘汰，形成现代翻领西式衬衫（图4-23）。男服向着体现男性的精干、威严的方向发展，衬衫也变得简洁，开始着重体现男性潇洒的绅士魅力。

图4-23　翻领西式衬衫

19世纪衬衫在大的外观形式保持稳定的情况下，发生了许多细节变化之后，现代型的衬衫基本形成。随着思想观念的转变，衬衫不再作为纯粹的内衣穿用，逐渐地被当作日常便服穿在外面。19世纪末，白衬衫与礼服配套穿着已成为绅士的标志。

19世纪40年代，西式衬衫传入中国。衬衫最初多为男用。

20世纪初男服完全标准化了，正式场合是礼服三件套，衬衫已定型。与礼服相配的衬衫和领带十分讲究。与夜礼服相配的白色衬衫（图4-24），内有硬挺的胸衬，双翼领，系白色蝴蝶形领结，用珍珠纽扣；晨礼服中穿的白衬衫，有时胸前不用硬衬而是做出褶裥，系领巾或领带，用宝石扣、珍珠扣或金扣；礼服白衬衫用精制的白棉布或亚麻布制成。

图4-24　夜礼服白衬衫

除了礼服衬衫外，作为日常便服直接穿在外面的普通衬衫也已广为流行。此时衬衫已不再纯粹作为内衣。普通衬衫的花色、面料、款式等都不拘一格、层出不穷，穿着场合从上班到休闲居家等非常广泛，成为一种普遍的服装形式。伴随着人类文明的发展，根据不同时代、不同地域和人们不同的需求，衬衫经历了几千年的演变和革新。到了现在，随着世界文化、艺术的广泛交流和沟通，衬衣在配合西服和领带中逐步推进，素材也由棉开发出化学纤维，防缩、防皱等机能性加工也随之得以发展，价格降低，易于整理。同时衬衣更注重自身面料以及制作工艺，工艺更加复杂，辅料更加考究。

女士衬衫由男士衬衫演变而来，但从质地、色彩和穿着方法上都有着更丰富的变化，板型及款式的变化较男装设计更为丰富。

4.4　实用贴士——衬衫的选购

（1）肤色选择

肤色较黑的人穿绿色、灰色调的衬衫会显得更黑更黄并且会造成脏的感觉；皮肤白皙的人穿亮丽的衬衫能将皮肤衬托得更白皙，但这往往会使男人显得太女性化，缺少阳刚之气。

（2）体型选择

胖人穿小方形领衬衫会显得有些拘泥、局促，可选择带尖的大领衬衫更合适。高大端庄的人选购衬衫尽量不要选择领子上缀有装饰纽扣的衬衫。

（3）脸型选择

不同脸型在选购衬衫时，应注意以下差异：通常圆形脸的人，忌讳穿圆角或圆形领型的衬衫，如娃娃领等；方形脸的人，建议穿着如新月般的丝瓜领型衬衫，以柔化轮廓，不适合穿着立领或旗袍领衬衫；长形脸的人，建议穿着标准领衬衫，以免拉长脸部轮廓；倒三角形脸的人，建议穿着小圆领衬衫调和脸部棱角，切忌穿着过于细长的尖领衬衫；蛋形脸的人，介于长形脸与倒三角形脸之间，适合各种领型的衬衫。

任务5　衬衫设计与制作流程

衬衫设计与
制作流程

【任务内容】
女衬衫设计与制作流程

【任务目标】
熟知女衬衫设计与制作的一般流程

5.1　任务导入
衬衫几乎是每个人必不可少的服装单品，该任务学习的内容是品牌服装中衬衫单品从设计到成品的过程要领（图5-1）。

5.2　衬衫设计与制作流程
（1）分析研究企划案

图5-1　女式衬衫

我们先对品牌企划案深入分析研究（图5-2），探讨企划案中包含的主题、流行、品牌等信息，理解企划案中对款式、色彩、图案、面料等设计要素提出的具体要求。在企划案的限定下研究分析主题，以发散性思维去触摸主题概念的各个方面和角度，如同经历一场视觉与感官的意识之旅。

图5-2　企划案

（2）构思衬衫的设计

我们以企划案中"东方华梦"主题为灵感源，构思衬衫的设计。

"东方华梦"包含了中国传统思想、文化艺术、非物质文化遗产、民间手工艺等题材，充分表现出中国人的文化自信。要求设计思考和深入发掘主题文化内涵，选取其中一个或一类实物或事物作为设计概念（concept）展开设计构思，如灯笼或烟火等。具象实物的选取，便于初学者的应用和拓展（图5-3）。

图5-3　"东方华梦"企划案

衬衫设计主要遵循整体—细节—整体的构思过程。首先，对整体风格进行控制，从款式、面料、色彩、图案、印染等要素的设计上体现中国女性的精神风貌（图5-4）。其次，在设计概念研究分析过程中，设计灵感会不断涌现，把零散的或细节的设计想法用笔记录在纸上，如形、色、图、质等。最后将各要素的设计细节进行组合、协调、修改，从整体上加以充实和完善，以草图的形式呈现。

图5-4　款式、色彩、图案、面料等设计

（3）绘制衬衫款式图

将衬衫设计构思和设计意图以款式图的形式绘制，是一种直观有效的方法（图5-5）。

绘制时应突显款式和细节特征，并进行必要的文字说明。要求线条表现清晰、圆顺、流畅，虚实线条分明，衣长、衣宽、袖长、袖宽等比例准确，结构严谨，规范清晰。特殊工艺制作、装饰明线的距离、线号的选用等需进行文字说明。款式图是能在生产中起到指导作用的样图。

（4）设计衬衫结构

从衬衫设计图稿到实物的转化，需要设计技术与艺术的高度融合，其中有两个必不可少

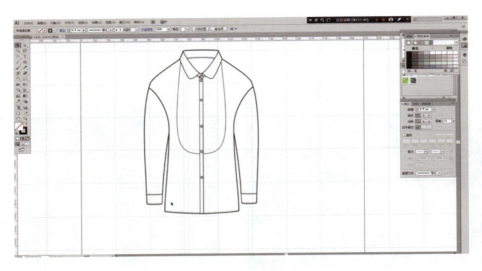

图5-5　绘制衬衫款式图

的工序——结构设计和工艺制作。衬衫的结构设计是以衬衫的款式设计为基础,用平面结构
设计的方法,运用服装CAD软件,以160/84A号型尺寸为制图规格,根据各部位分配比例,设
计绘制出衬衫的结构图,打印出1∶1的衬衫纸样(图5-6)。

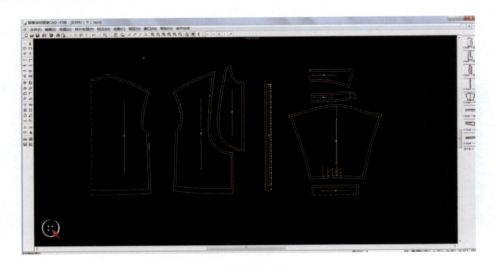

图5-6　衬衫结构设计

(5)衬衫工艺设计

衬衫的工艺设计分为备料、排料、裁剪、缝纫四个部分。根据衬衫的衣长、袖长和
面料的幅宽等计算购买面料的长度。排料时节约用料,一般根据"先大后小、紧密套排、
缺口合并、大小搭配"的原则。注意经纬纱向和面料图案的方向性,排料后,检查样板齐
全,有无漏排错排,做好标记,可以裁剪面料。裁剪好的衣片、袖片、领片等按照缝合肩
线,制作领子袖子,绱袖,绱领的顺序完成衬衫的制作。缝线要求均匀顺直,弧线处圆润顺
滑,无断线、浮线、抽线等情况,服装表面切线处平服无皱痕,重要部位如领尖不得驳线

（图5-7）。

（6）熨烫与后整理

俗话说："三分做工七分烫"。熨烫真
丝衬衫选择真丝面料适宜的熨烫温度，将衬衫
领子、过肩、袖口、袖身、衣身及缝份熨烫平
整，缝份无虚缝，袖窿用蒸汽熏烫，肩部熨烫
时注意将后肩拔开、前肩归进，领部外止口线
不反吐。熨烫完悬挂无温度后，剪去多余线
头，包装待售（图5-8）。

以上六个步骤就是衬衫设计与制作的主要
过程，我们再梳理一遍：分析研究企划案——
构思衬衫的设计——绘制衬衫款式图——设
计衬衫结构——衬衫工艺设计——熨烫与后
整理。

如果能在设计过程的每个细小环节上做到
认真研究，最终的设计作品都会非常新颖、独
特，令人振奋。

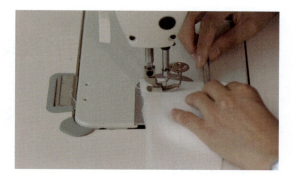

图5-7 衬衫工艺制作

图5-8 熨烫与后整理

任务6　衬衫款式、图案、色彩设计

衬衫款式图案色彩
设计

【任务内容】

衬衫款式、图案、色彩设计

【任务目标】

通过衬衫款式、图案、色彩设计的典型案例分析，分析总结出设计的基本方法

6.1　任务导入

亦舒笔下的年轻女孩，最美的打扮永远是穿着白衬衫的文艺少女（图6-1），如此简单却又如此摄人心魄、纯粹而朴实的美。新中国成立初期，集体主义美学崇尚冬蓝夏白，全国人民都穿着款式一样的白色衬衫（图6-2）。

在现代生活中衬衫是服装中必不可少的一种服装形式，无论春夏秋冬，穿着都很普遍。但衬衫并非与生俱来的，而是随着人类文明的发展，从古代男人的贴身内衣（图6-3），经过漫长历史的演变，成为今天被人们广泛认可的衬衫。

图6-1　文艺少女

图6-2　款式一样的白色衬衫

图6-3　贴身内衣

6.2　典型案例分析——衬衫款式、图案、色彩设计

基本款衬衫由分体企领、衣身、门襟、装袖等主要部位组成，是衣橱里必备的百搭单品。基本款衬衫给人古板沉闷的感觉，不过近几年随着时尚的发展，衬衫经过时尚变迁已经不再是往日的古板模样，时尚个性的款式打破传统，成为服饰界的主流单品。

　　某女装品牌2018春夏企划方案中"东方华梦"主题下衬衫的设计，探索的是独立、知性、独树一帜的时尚艺术语言与中国传统文化相融合的文艺设计风格与意识形态。通过对服装线条和块面进行解构，努力把现代时尚感与中国传统文化、传统手工艺等结合起来，构建出充满文化痕迹的时尚衣柜。

　　（1）设计构思

　　①先选取灯笼、烟火等作为设计概念或灵感来源。

　　在设计命题"东方华梦"主题下，寻找自己感兴趣的色彩和画面，仔细观察，便可看到丰富的变化，每一幅画面都能将想象空间拉长，让人思如泉涌。选取其中一个或一类事物作为设计概念或灵感来源，如灯笼或烟火等（图6-4）。

图6-4　灯笼烟火

　　②灵感来源的梳理分析。

　　分析整理灵感来源的外在特征，再深入发掘其深层次的含义和意义。在前期的分析过程中，要完全放纵自己的感觉，以发散性思维去触摸主题概念的各个方面、各个角度，如同经历一场视觉与感官的意识之旅。深入发掘时需稳扎稳打至该类事物所蕴含的美学原理、历史文明、哲学思想等理性内涵。先用心再用脑，先感性再理性，先开放后回归。分析出东方华梦主题中的设计理念：

　　其一，形式美法则——对称与均衡（图6-5）。

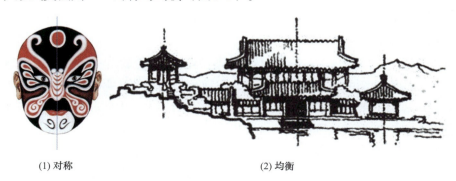

(1) 对称　　　　　　　　　　　　　　(2) 均衡

图6-5　对称与均衡

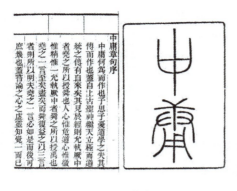

图6-6 中庸

其二，中国儒家哲学思想——中庸（图6-6）。

其三，中国传统理念——中正（图6-7）。

中国的节日，张灯结彩、热闹蔓延，其中的器物灯笼是左右"对称"造型，烟火绽放出上下、左右"均衡"的形态。

"对称与均衡"是以中国阴阳平衡概念为核心的美学观点，是中国传统文化——儒家哲学中庸思想启示下的一种形态体现，也是形式美法则中最常见的中国传统美学之一。《礼记》中写道："中也者，天下

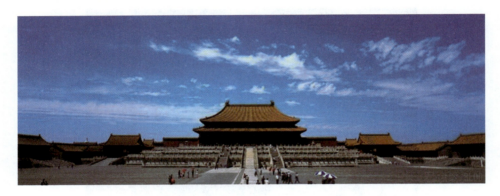

图6-7 中正

之大本也。"要求事物"中正，不中则不正，不中则不尊。"中国几千年前的彩陶、青铜器等器物造型充分体现和证明了"对称"这一美学法则早为人类认识与运用。"均衡"是另一种"对称"，它不是通过简单图案的量化对称，而是通过画面疏密留白等达到意象的和谐与平稳。如果说"对称"是能以物理尺度精细衡量的形式，"均衡"则不是表象的对称，它更多地体现在视觉心理的分析和理解，是一种富于变化的平衡与和谐。"对称与均衡"在审美视觉上给人以安稳、秩序、庄重、冷静、整齐的和谐之美。

"中正"构建了中国传统文化的辉煌，而在当下瞬息万变的纷繁世界中，这种温暖、质朴的本然回归无疑也为当代服装设计提供着思路和启迪。品牌衬衫的设计以"中正"为设计理念，主要运用"对称与均衡"的形式美法则展开款式、色彩、面料、图案的构思与设计。

③设计构思——发散思维

以灯笼为中心进行发散：第一，以传统器物为线索，发散出青花瓷，再联想到蓝印花布等；第二，以圆润饱满的造型特点为线索，发散出圆形造型，再提炼出"曲线"这一线形等；第三，以中国喜庆节日的表达方式为线索，发散出烟火，由此联想到国家级非物质文化遗产"打铁花"这一京晋豫地区民间传统烟火，由打铁花的壮观景象联想到中国粗放、简练的写意山水等；第四，以中国传统手工技艺为线索，联想到手工纸扎灯笼，发散出扎染、刺绣等中国传统手工技艺；第五，以灯笼的正置造型，逆向至其倒置造型，再发散至分解灯笼造型等。

（2）款式设计

以发散思维中与灯笼相关联事物的形、材、质等作为某品牌衬衫款式设计的主要素材。

①廓型设计

廓型设计用仿生设计的方法，以企划主题里体现中正的中国传统器物灯笼、瓷器、青铜钟、陶器等饱满圆润的外形为参考，设计出上宽下窄的灯笼形衬衫外形（图6-8）。

②领型设计

衬衫领如延用基本领型，放在知性时尚而

图6-8　廓型设计

婉约的衬衫中显得过于尖锐和刺眼。"同构为美"，尊崇中国古代对美的心理本质的认识。在衬衫这一服装形制中，领部在基本领型的基础上用圆润饱满的弧线将直的造型线修饰圆顺，与袖、衣身等部位异质而同构，可以互相感应。这种感应属于共鸣现象，是愉快的美。注意：此款领型圆顺线条造型的变化仅在毫厘之间，过于饱满的弧度设计会侧重表现可爱的服饰风格。设计后的领型在衬衫中显得更为协调和婉约（图6-9）。

③肩袖设计

衣身与袖子的拼接处从肩部沿外轮廓适当下移至袖型最宽处，便于结构的处理和最宽处造型的成型，袖型自然形成上宽下窄造型，与衣身相呼应，窄袖口延用衬衫的袖克夫设计（图6-10）。

④内部分割线设计

从领口顺门襟而下的前衣身是人们的视觉中心，将灯笼倒置，以门襟为中心线，在前衣身上设计出上窄下宽、左右对称的内部分割线，与上宽下窄的衬衫外形形成上下均衡的视觉心理（图6-11）。

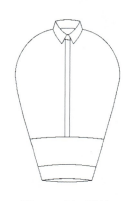

图6-9　领型设计　　　　图6-10　肩袖设计　　　　图6-11　内部分割线设计

（3）图案设计

衬衫的视觉中心是胸前的两个对称衣片，把这两个对称衣片当成一张空白画纸，可以填充很多有趣的图案，比方说思维导图中发散到中国画的青山绿水。时光推移、世事变迁，山脉通常是人类居住环境中恒定而醒目的存在之一，也是中国画粗笔淡墨勾出的曲折境界。山脉高低起伏、远近虚实。我们取青山"万古长存、亘古不变"之意，提取山脉高低起伏的形态并抽象简化，设计出衬衫视觉中心部位的图案，这是将中国画元素进行时尚设计的一种处理形式。在对称衣片的关系下通过巧妙的艺术处理，保持图案的均衡追求，使人在视觉观感上获得对称均衡的审美效果。同时寄托了其寓含的精神：绵延曲折，幽然入境；以"意"为美，意味深长。这也是中国古代的审美理想（图6-12）。

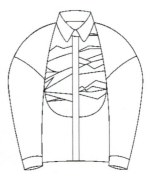

图6-12　图案设计

（4）色彩设计

"东方华梦"企划主题色彩板块中有灯火饕餮的热闹红，有墨彩喁语的趣味黄，有重塑运动的飞跃蓝，有复古混搭的军风绿，还有知性文艺的时尚白（图6-13）。

图6-13　色彩分析

受复古混搭军风绿的启发，以衬衫图案设计素材中的中国画的青山绿水为依据，将图案的色彩设计成用中国水墨与山水之青两色调和出的淡墨青色，其纯度低、色调柔和、不刺激，向人传递着知性、沉着、平静、稳重的印象。图案外的色彩设计，在山水画素材用色的基础上，考虑到与墨青色搭配的协调性以及品牌的艺术性和时尚风格，故而选取知性、文艺的时尚白作为衬衫的主要用色（图6-14、图6-15）。

服装设计的每件作品或产品，都带有设计者的个性烙印，因此往往无是无非，只要设计出的产品能完成设计要求，传递应该传递的信息，就是成功的。

享受设计过程，积极开展创新，乐于探索实践。

图6-14　色彩设计　　　　　　　　图6-15　衬衫效果图

6.3　拓展案例——衬衫设计

衬衫拓展设计如图6-16所示。

图6-16　衬衫设计案例

6.4　任务下达——品牌衬衫设计

根据某品牌企划案，为该品牌设计衬衫系列不少于10款衬衫。

任务7　衬衫面辅料选购

【任务内容】

1. 衬衫面料选购
2. 衬衫辅料选购

衬衫面辅料选购

【任务目标】

1. 知道服装面辅料选购的主要市场及其档次
2. 能够根据衬衫设计理念选购面辅料

7.1　典型案例分析——衬衫面料选购

服装是一个整体的系统工程，包括设计、打板、制作等过程，其中必不可少的一个环节就是服装材料选定，而服装材料包括服装面料和服装辅料。

（1）考察面辅料市场

每个城市都有零售服装面辅料的市场或商铺，售卖制作服装常用的面辅料。浙江柯桥轻纺城、广州中大国际轻纺城（图7-1）是中国大型服装面辅料批发市场，是各类服装工作室和公司选择并购买面辅料的地方。而长三角地区中高档的服装品牌大多选择上海世贸商城（图7-2）面辅料市场定制面辅料，因为位于国际化时尚都市的面辅料市场具备一定的时尚考究和开发能力。

图7-1　广州国际轻纺城　　　　　　　　　图7-2　上海世贸商城

本章节衬衫面辅料的选购以考察上海世贸商城6楼的辅料市场和7楼面料市场为主。

（2）代表性面料介绍

棉、麻、丝、毛等是"道法自然"的中国传统服装材质，上海典和纺织品有限公司以经营棉、麻、丝、毛纯纺织物和棉麻、丝棉、丝麻、丝毛等混纺织物为主，再利用盐缩（图7-3）、脏染（图7-4）或提花等工艺，开发出富有图案肌理变化、颜色不规则深浅变化等不同观感、触感和服用感的面料。追求"舍得"的佛家哲学境界和生活经营理念，是中国传统文化的一种诠释，其理念与设计主题不谋而合。

图7-3 盐缩棉布

图7-4 脏染棉布

棉织物崇尚质朴无形，回归自然的舒适和谐感；麻织物崇尚粗简原始，柔韧坚强的生活状态。棉、麻织物可用于清新自然、现代禅意等风格服装的制作。

毛织物保暖柔软、高雅正规，做大衣、礼服、西装等高档服装比较适合。

丝织物高贵优雅、柔和飘逸，适于制作衬衫、连衣裙、裤子等高档服装。

（3）选购面料

某品牌服装定位相对高档，追求文艺舒适的生活态度，而中国丝绸历史源远流长，所以考虑选用丝织物，因为设计开发的是秋冬季服用的衬衫，所以选用的是32姆米（32g/m²）的重磅真丝（图7-5），售价158元/m。符合某品牌2018秋冬女装"东方华梦"面料企划主题。

图7-5 32姆米重磅真丝

中国丝绸见证了中国古代文明，在世界舞台中始终有着像梦一般神秘而精彩的想象，是东方元素贯穿中西文化最富有生命力又极具中国特质的一块瑰宝。

7.2 典型案例分析——衬衫辅料选购

选定了服装面料，再根据面料选择辅料。服装辅料种类纷繁复杂，市场中售卖或定制的辅料有形色各异的纽扣、色彩纷呈的珠饰、风情万种的花边，还有拉链、烫标、里衬、黏合衬、缝纫线等（图7-6）。

衬衫需用到的主要可见辅料是纽扣。小小纽扣，大大能量，各式各样，琳琅满目。它除了特有的实用功能外，其形、色、质所渲染的衬衫整体设计氛围也不可小觑，有画龙点睛之意。

图7-6　服装辅料

图7-7　异形贝壳纽扣

贝壳是来自于大自然之物，它从里到外都散发出高雅、诱人的气息。贝壳纽扣，主要是经过选贝、冲剪、磨光、抠槽、打孔、车面、磨光漂白七道工序制作而成，是一种古老的纽扣。贝壳纽扣的质感高雅、光色亮泽，一直被大众所选择。用贝壳纽扣来陪衬衬衫的天然材质和优雅光泽再合适不过，能赋予穿着者的独立和知性。异形贝壳纽扣更能凸显穿着者的艺术时尚性，所以我们选取了异形贝壳纽扣来强化穿着者的个性特质（图7-7）。

7.3　任务实施——面辅料选购

利用课余、周末或寒暑假的时间，走访当地的面辅料市场，或者浙江柯桥轻纺城、广州中大国际轻纺城、上海世贸商城面辅料市场，了解并收集与设计理念相吻合的面料和辅料各10种，分析并写出每种面料和辅料的特性。

7.4　服饰文化拓展——中国丝绸历史

中国丝绸源远流长，距今已有7000多年的历史。

商代是我国青铜器鼎盛时期。该时期农业有了很大的发展，蚕桑业亦形成了一定规模。统治者十分重视蚕桑经济的地位，将蚕桑生产与粮食五谷相并重。考古发现的商代丝织品尽管数量有限，但已出现了提花丝织物，这说明当时的织造技术已达到相当水平。西周时期，统治者对手工业生产已有了严格的组织与管理，丝绸生产技术比商代有所进步。同时，商周时期草原丝绸之路已经形成，对外交流得到加强。这些都为汉唐时期丝绸业的繁荣奠定了基础。

春秋战国时期是我国历史上从奴隶制向封建制过渡的时期，生产力和社会经济形态发生了巨大变化。随着铁工具的普遍使用，农业生产产生了飞跃，与之密切相关的蚕桑丝绸业也受到重视，发展农桑成为各国富国强民的重要国策。战国时期，农业与手工业相结合的农户成了社会的基本生产单位，手工业成为农业经济的重要组成部分。丝绸生产的专业化分工更加明显，有些技术世代相传，达到了相当高的水平。

秦汉时期是我国封建社会处于初步巩固与发展的时期，秦的统一和中央集权制度的建立为汉代的强盛奠定了基础。汉初实行"与民修养"政策，促进了经济的迅速发展。规模宏大的官营丝绸业建立起来，其产品主要满足宫廷与官府的需求；民营丝织业也有了较大发展，有的作坊形成了自己的产品特色和知名度。丝绸产区较商周时期有所发展。西汉时期丝绸的生产重心在黄河中下游地区，从东汉时期开始，西南地区的蜀锦成为全国闻名的丝绸产品。

汉武帝时期北击匈奴，控制了通向西域的河西走廊。张骞两次出使西域，沟通了中原内地通向西域并连贯欧亚大陆的丝绸之路。从此，中国的蚕丝与丝绸源源不断地通过丝绸之路输往中亚、西亚并到达欧洲，丝绸之路沿途出土的大量汉代丝绸织物就是当时贸易繁荣的物证。中国的丝绸生产技术也在这一时期传播到中亚地区。

魏晋南北朝时期，战争连绵不绝，国家长期分裂，政权频繁更替。剧烈的社会动荡、复杂的政治格局、持续的民族交融、广泛的国际往来，令丝绸生产虽发展艰难，但内涵丰富，面貌多样。这一时期，北方仍然是丝织品的主要产区，四川成都地区丝绸业一向发达，江南地区由于三国时的相关政策，开发丝绸业有了新的起色，经过南朝的经营而进一步得到发展，为唐代中期以后江南丝织业的崛起奠定了基础。

隋唐时期是中国封建社会发展的高峰，总的来说国家强盛、经济发达、商业繁荣，尤其是文化上的开放，显示了这一时代雍容大度、兼蓄并包的风格。丝绸业也在这一社会基础上出现了发展高潮。当时重要的丝绸产区有三个：一是黄河流域，以河北、河南两道为主体；二是四川巴蜀地区，剑南道和山南道的西部可以划入本区；三是长江下的东南地区；基本形成三强鼎立的局面。安史之乱后，江南地区的重要性大大增强。此外，西北地区丝绸的发展在边远地区中首屈一指，并表现出浓郁的地方特色。

唐代的丝绸贸易十分发达，与汉代的丝绸之路相比较，唐代的陆上丝绸商道更多地采用一条偏北迂回的道路。海上丝绸之路也在这一时期兴起，丝绸产品通过东海线和南海线，分别输往朝鲜半岛、日本、东南亚和印度，甚至由阿拉伯商人传播到欧洲。丝绸贸易的兴盛导致了丝绸技术的外传，至公元7世纪，东起日本，西至欧洲，西南到印度均有丝绸生产，基本奠定了日后蚕丝产区的格局。

宋、辽、金、西夏时期，国家长期处于分裂状态，但文化上以北、南两宋为主体。北宋丝绸生产以黄河流域、江南地区和四川地区为重要产区。北宋中、晚期，全国丝绸生产重心已转移至江南地区，但北方在高档丝织品生产上仍保持优势。南宋时，丝绸产区基本集中在长江流域，江南地区丝绸生产占绝对优势，浙江已成为名副其实的"丝绸之府"。辽在夺取燕云十六州后开始发展蚕桑丝绸生产，金代统治区域的丝绸业虽遭破坏，但也维持了一定规模。

宋朝的官营丝绸生产作坊有相当规模，在京城少府监属下设置绫锦院、染院、文思院和文绣院，同时还在重要丝绸产区设置官营织造机构。两宋民间丝织业十分发达，除作为农村传统手工业以外，城市中的丝织作坊大量涌现，民间机户的力量不断增长。宋代城市繁荣，丝绸贸易非常。在对外贸易方面，由于陆上丝绸之路被阻断，海上丝绸贸易有了长足的发展，中国的生丝与丝绸通过海上丝绸之路输往世界各地。

元代是中国历史上的蒙古时代。对欧亚大陆的征服和大汗治下的和平，使元代的文化具有多种文化融合、碰撞的特点，元代丝绸也因此具有鲜明的时代特征。

元初丝绸生产遭遇战争的破坏，但产区仍有一定规模，以中书省所辖的"腹里"地区和江浙行省所在的长江下游为最盛，历史上第一部官方编纂的农书《农桑辑要》也在全国发行。元代中期以后，产区格局有较大变化，北方地区的丝绸生产衰落，江南地区变得更为重要。其原因一方面是气候变冷使北方不宜于蚕桑生产，另一方面是棉花的种植也使得蚕桑业趋向集中。

由于蒙古贵族对贵重工艺品的特殊爱好，元代设置了大量官营作坊，集中了全国大批优秀工匠，征调蚕丝原料，进行空前规模的大生产。庞大的官营织造体系是元代丝绸生产的重要特色，对民间丝绸生产有一定抑制作用。江南地区的丝绸生产在元末明初出现了雇用生产模式，商品经济有了一定发展。

明代是推翻元朝统治而建立的中央集权封建王朝。在明代初期，朝廷采取了一系列措施，重农崇俭，促进了社会经济的发展。明代蚕桑丝绸业的产区范围有所缩减，但形成了以江南为中心的区域性密集生产，其中苏、杭、松、嘉、湖为五大丝绸重镇。明代中期以后，社会风气渐趋奢靡，在商品经济与专业分工经营条件下，江南地区的丝绸工商业获得了极大繁荣。

明代官营织造业规模较大，除在南京与北京设立中央染织机构外，还分别在丝绸产区的苏州、杭州及全国二十多处地方设立地方织染局，供应宫廷和政府每年所需的段匹。生产方式有"局织"和外发"领织"两种，局织是轮班徭役制，领织为民间机户，工匠的人身依附关系较元代有所松弛。

16世纪，葡萄牙人开辟了欧洲与中国之间的直航贸易。明代实行海禁，对外贸易为政府控制下的朝贡贸易，丝绸产品以朝廷赐赏的形式流入周边国家和地区。明中期以后，海禁渐开，中国生丝与丝绸大量销往日本和经由澳门地区销往欧洲。

清初丝绸业在战争中损失惨重。康熙朝起，由于天下安定，朝廷采用了鼓励措施，丝绸生产获得较快发展。清代丝绸业在地域上进一步向环太湖地区和珠江三角洲集中，特别是江南地区在规模和水平上成为全国丝绸业的中心。

清代官营织造体系废除了明代的匠籍制度，原料也以采买为主，总体规模比明代有所缩减，重要的有江宁织造局、苏州织造局和杭州织造局，合称"江南三织造"，负责供应宫廷和官府需要的各类丝织品。民间丝织业生产规模有所扩大，专业性分工和地区性分工更加明显，涌现出一批繁荣的丝绸专业城镇，产品种类繁多，内销市场繁荣。在对外贸易方面，清初厉行海禁，康熙时期一度放宽，但后来又加强了对对外贸易的限制，关闭了除广州以外的其他口岸，实行一口通商。粤海关是广州口岸对外贸易的唯一管理机构。尽管如此，中国对日本的生丝出口和对欧洲各国的生丝与丝织品出口仍然达到了相当规模。

任务8 衬衫面料再设计——扎染

【任务内容】

面料再设计——扎染技艺

衬衫面料再设计
扎染

【任务目标】

1. 学会扎染技艺
2. 拓展设计思路，培养学生原创设计意识与能力

8.1 任务导入

选择了白色重磅真丝作为衬衫的主要用料，那么连绵起伏的山峦图案如何展现在服装面料上？用手绘的形式如何？手绘的效果，与真丝面料的优雅富贵风格有些不符。用绣花的形式？绣花适合表现精细秀美的图案。还有丝网印花是现代面料图案印染的主要方式，适合于连续纹样的批量生产。数码印花主要用于现代服装定位花型的生产。图案印染在衬衫上的形式，如果换个思维方式，结合中国民间传统而独特的手工染色技艺——扎染，作品也许会很有趣。

8.2 典型案例分析——扎染

扎染，是中国民间传统而独特的手工染色技艺之一。扎染工艺分为扎结和染色两部分。织物在染色前，用纱、线、绳等工具（图8-1），对织物进行扎、缝、缚、缀、夹等一种或多种形式组合，进行染色后，再把打绞成结的线拆除。它有一百多种变化技法，各有特色。其工艺特点是有自然形成的色晕，晕色丰富，变化自然，参差错落，趣味无穷，自成一体，扎染成的图案纹样具有一定的偶然性和不可预见性，同样的扎结手法、同样的配色，不同的人，不同的时间，扎染后的效果却各不相同。这种独特的艺术效果，是机械印染难以达到的。

图8-1 扎染工具

我们把扎染技艺，运用到本次图案在服装面料的再设计中来。扎出绵延起伏、抽象简练的山脉图案。

（1）捆扎

先用绳线将白色重磅真丝按照纬纱线方向叠起并捆扎（图8-2），因为扎染后的效果具有偶然性和不可控性，我们捆扎时注意控制线的疏密和松紧，线的疏密控制在1~3cm，线的捆扎相对紧实，太稀疏和太松弛则起不到防染效果，太密集或太紧实则容易染不上颜色。

（2）调色

扎好后，调配好需要染的颜色，并加热煮沸。调配颜色十分讲究，多一点或少一点都难以达到预想的色彩。

（3）染色

将扎好的面料放置在调配好的颜料中染色，浸染充分（图8-3）。调色与染色需多次尝试，以期达到设计的最佳效果。

图8-2　捆扎

图8-3　染色

图8-4　冲洗拆线

（4）冲洗拆线

将染好的面料拿出，放在水池中冲洗、拆线（图8-4）。从捆扎到调色到染色，一扎一染，绳线捆扎处如行云流水般的留白线条，通达而流畅，防染部分与染色部分呈现不一样的色彩，两种颜色的交融状态，无法重复。从山水墨色到汝窑柔和的淡青，从冷艳的翠玉再到温暖红茶的透亮汤色，凝重、素雅，无不透出东方的哲学意境和时尚味道。

（5）晾晒

最后晾晒真丝织物时，我们选择避开日光，让其阴干，以减慢真丝织物的风化与褪色进程。

任务9 衬衫款式图绘制

【任务内容】
绘制衬衫款式图

衬衫款式图绘制

【任务目标】
1. 学会使用Adobe Illustrator软件绘制衬衫款式图
2. 能用Adobe Illustrator软件绘制其他服装款式图

9.1 任务导入
Adobe Illustrator（AI）是一款应用于出版、多媒体和在线图像的工业标准矢量插画软件，作为一款非常好用的矢量图形处理工具，该软件主要应用于印刷出版、海报书籍排版、专业插画、多媒体图像处理和互联网页面的制作等，也可以为线稿提供较高的精度和控制，适合生产任何小型的简单设计或大型的复杂项目。

9.2 典型案例分析——衬衫款式图绘制
9.2.1 绘制衬衫正面款式图
（1）新建文件

打开AI软件，点击新建按钮，新建A4绘图界面，并将文件命名为"女衬衫"。

单击菜单栏"视图"—"标尺"—"显示标尺"，再单击"视图"—"显示网格"，打开标尺和网格，以便更好地绘制款式图。

（2）确定比例和画图顺序

女衬衫的长度为60cm，宽度为56cm，从标尺中拉出标志线来确定衬衫的长宽比例为15：14，确定好相应的比例后开始款式的绘制，根据设计构思，所设计的女衬衫款式为左右对称的结构，因此绘制款式图的思路可以是先画款式的左侧部分，绘制调整完左侧部分，再将左侧部分进行复制粘贴并翻转变成右侧部分，然后将两部分进行对接并进行相应的细节调整。

（3）绘制直线线段

单击工具栏中的"直线段工具▨"，在起点点击鼠标左键并拖动至直线段的终点，松开鼠标左键即可完成一根直线段，以此方法逐步画出衬衫左半边外轮廓和领、袖、门襟等内部线条（图9–1）。

（4）调整直线的曲度

单击"直接选择工具▨"和"转换锚点工具▨"，对直线段进行位置的调整和曲线的变化，在调整的过程中需要使用缩放工具对画面进行放大以便更好地调整线条，调整曲线及其位置的同时也要不断的观察款式的比例，对款式长宽的比例以及外廓型与内部结构的比例

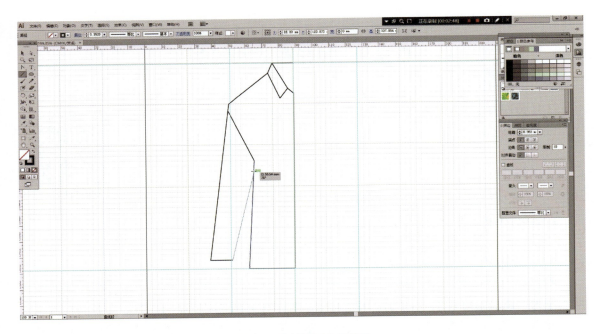

图9-1　绘制衬衫直线线段

都要进行检查并作出及时调整（图9-2）。

图9-2　调整直线的曲度

（5）左侧水平翻转成右侧

左侧部分绘制好后，用"选择工具　"对其进行全部框选，快捷键Ctrl+C复制左侧，Ctrl+V粘贴出一个相同的部分（图9-3）。

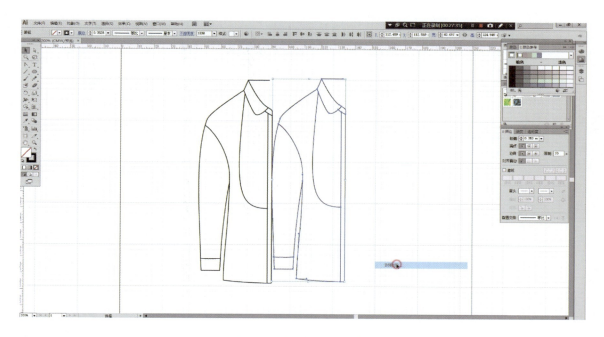

图9-3　复制衬衫左侧部分

　　鼠标右键点击"变换"下拉菜单中的"对称"，对复制出的左侧部分进行水平翻转，翻转成右侧部分，并将两部分进行对接，注意对接好后对衬衫门襟及领座部分进行处理，使得结构更加合理美观（图9-4~图9-7）。

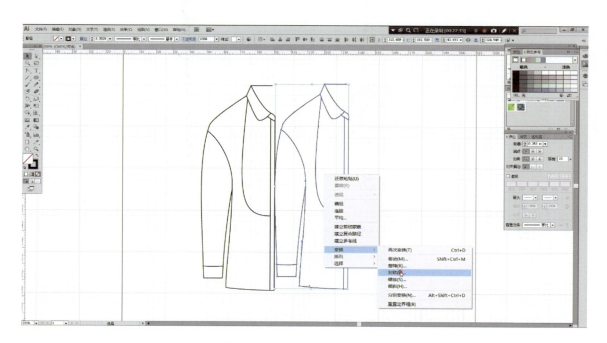

图9-4　衬衫左侧水平翻转步骤1

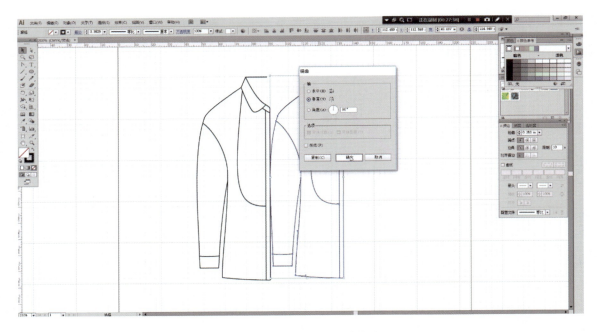

图9-5　衬衫左侧水平翻转步骤2

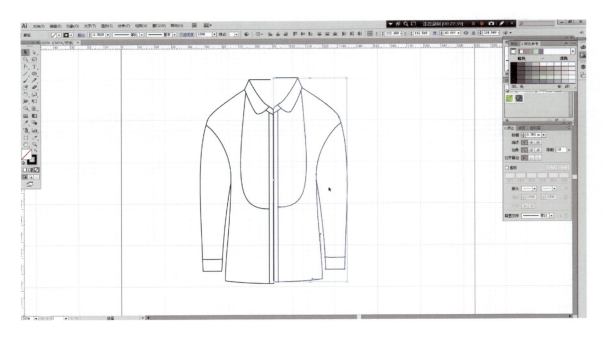

图9-6　衬衫左侧水平翻转步骤3

（6）调整细节

调整好门襟，再绘制出衬衫的明缉线，用"直线段工具▧"画出袖口、领口、下摆等部位直线，再用"转换锚点工具▧"将直线画出曲线（图9-8），用"直接选择工具▧"选中

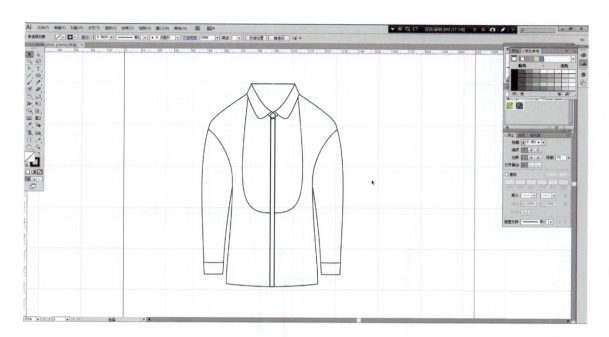

图9-7 衬衫左侧水平翻转步骤4

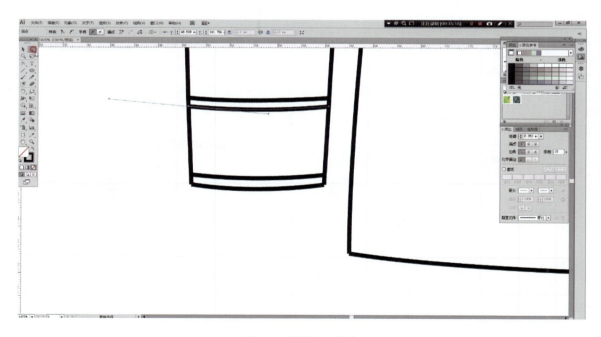

图9-8 绘制袖口曲线

曲线，并在右侧控制面板中的"描边"项里找到"虚线"，在"虚线"前的小方框里点击鼠标左键，将实线变成虚线，以达到明绉线的效果（图9-9、图9-10）。

以上绘制好后，再整体观察，款式是否还需要进行细节的调整，调整好后用椭圆工具

绘制出圆形，作为衬衫的纽扣，并将纽扣的数量、位置调整好（图9-11）。

这里要注意三点：无论绘制到哪一步，我们都要养成一个整体观察的习惯，对款式的细节、轮廓线进行调整以达到最优的效果，款式图的线条粗细要有相应的变化，通常款式的外轮廓的线条最粗，缝缉线的线条最细，这样会使得款式图看起来更有层次，绘制的过程中及时点击存储按钮对文件进行保存。

图9-9　实线转换成虚线步骤

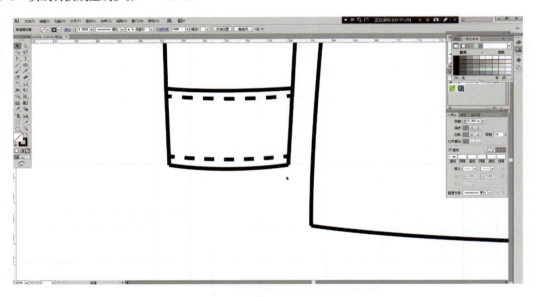

图9-10　实线转换成虚线

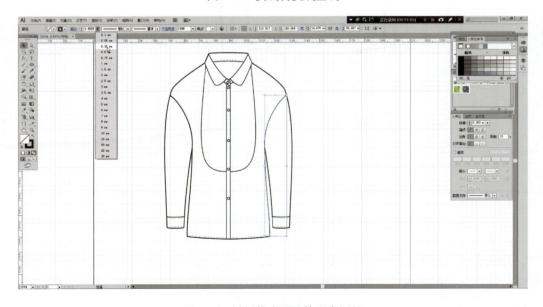

图9-11　衬衫款式图整体观察调整

9.2.2　绘制衬衫背面款式图

根据设计构思，该款衬衫的背面相对简洁，可利用正面款式图的基础进行背面款式图绘制。

（1）复制正面款式图

单击"选择工具 ▶"对其进行全部框选，快捷键Ctrl+C复制，Ctrl+V粘贴出一个相同的部分（图9-12）。

（2）删除多余线条

单击"直接选择工具 ▶."，将款式图中的领子、门襟、纽扣、前分割线选中删除（图9-13）。

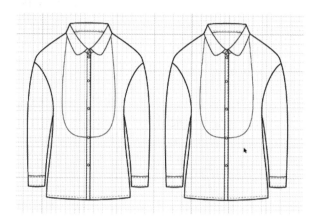

图9-12　复制正面款式图

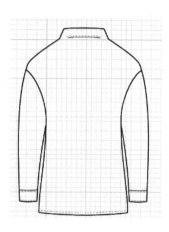

图9-13　删除多余线条

（3）调整领部线条

单击"选择工具 ▶"对领子部分进行线条曲度、长短的调整（图9-14）。

（4）画袖口褶裥线条

单击"直线段工具 ▨"在袖克夫与袖子的连接线上画出褶裥线条。完成对款式图背面的绘制（图9-15）。

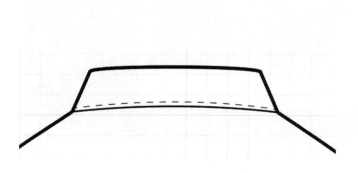

图9-14　调整领部线条

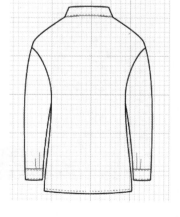

图9-15　画袖口褶裥线条

最后，将画好的衬衫款式图存储在指定的文件夹中。

任务10　衬衫结构设计

衬衫结构设计

【任务内容】

衬衫结构设计

【任务目标】

1. 学会使用智尊宝坊软件设计绘制衬衫结构图
2. 能用智尊宝坊软件绘制其他服装结构图

10.1　任务导入——衬衫款式分析

衬衫整体款式休闲，领子为经典的分体企领，落肩，一片式九分袖，袖口有褶加袖克夫，前片从领口至腰线有弧形分割线，开门襟，5粒扣，直身摆。根据这些款式特点，采用原型法绘制结构图，用智尊宝坊打板软件绘制。

10.2　衬衫结构设计

①打开智尊宝坊打板软件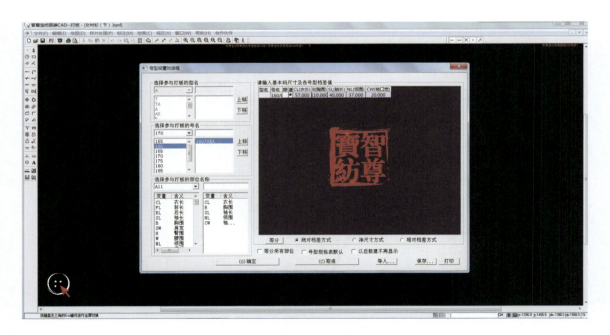（图10-1），新建文档，选择女衬衫号型为160/84A，部位规格为：后衣长57cm，胸围110cm，袖长40cm，领围37cm，袖口20cm，袖克夫宽4cm。

图10-1　智尊宝坊打板软件

②打开女装标准基本纸样原型（图10-2），并保留原型中胸围线，省位线等结构线条。

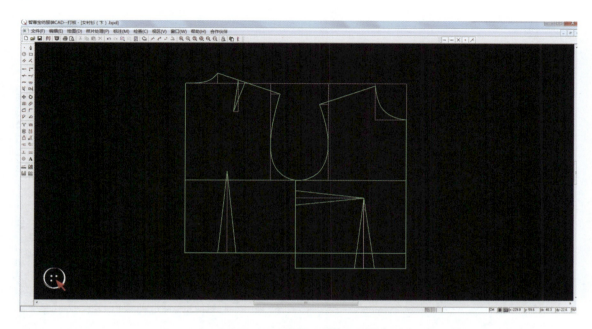

图10-2 女装标准基本纸样原型

③首先绘制衬衫后片结构图（图10-3），用智尊笔 ♦ +定长点捕捉 ✐ 工具将后领加宽0.5cm，绘制新的领口弧线，并调整领口弧线，与原弧线造型相似。

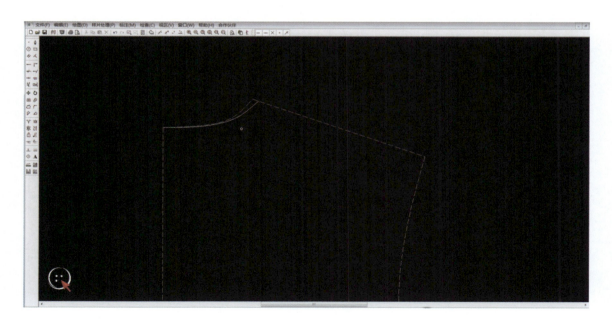

图10-3 绘制后片领口弧线

④因衬衫肩部为落肩造型，需确定落肩角度，用智尊笔 工具，以原型肩点为基准点，绘制边长为5cm的直角三角形，连接肩点与斜边中点向上1cm的点，并用延长 工具将该线条延长8cm（图10-4），用加圆角 工具将该线条与原肩线组成的角度画圆顺，形成新的肩线（图10-5）。

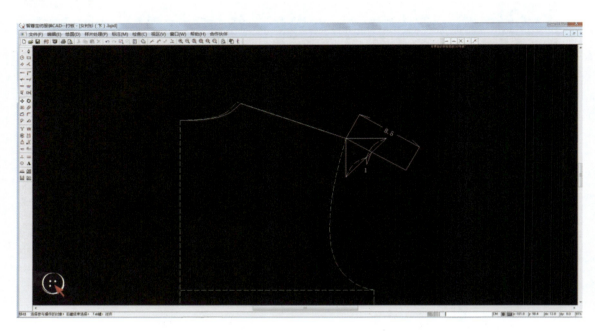

图10-4　后片落肩结构设计

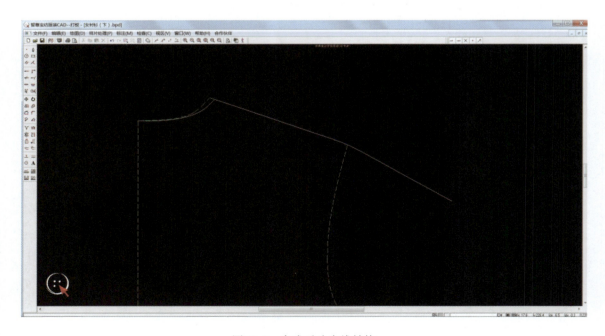

图10-5　完成后片肩线结构

⑤用智尊笔 +相对点捕捉 工具，选择原型中的腋下点，将胸围加宽3.5cm，袖窿加深6.5cm，得到新的腋下点，并与肩点连接，绘制新的袖窿弧线（图10-6）。

⑥用延长 工具将后中线延长19cm，用智尊笔 从腋下点绘制竖直线，连接下摆线，并将下摆向外摆出1cm。下摆侧缝端起翘0.5cm，并将下摆线调整成圆顺的弧线。原型中肩省及腰省均转为相应部位的松量（图10-7）。

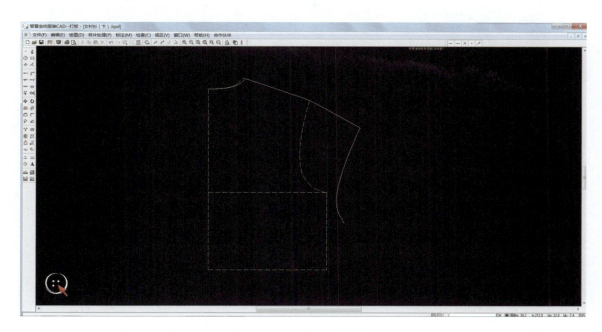

图10-6　绘制后片袖窿弧线

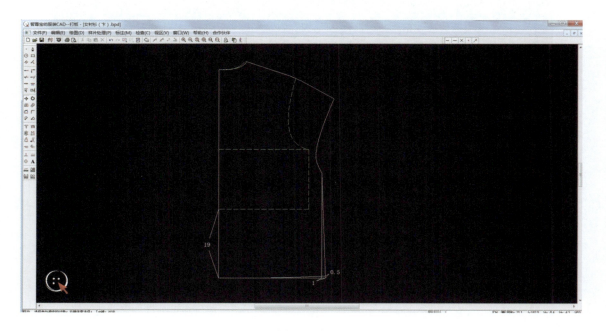

图10-7　绘制后片侧缝与下摆

⑦前片领口、肩线的绘制方法与后片一样，领宽加大0.5cm，领深加深1.5cm，落肩量10cm（图10-8），使肩线长度与后肩线长度一样，用加圆角 ⌐ 工具将该线条与原肩线组成的角度画圆顺，形成新的肩线（图10-9）。

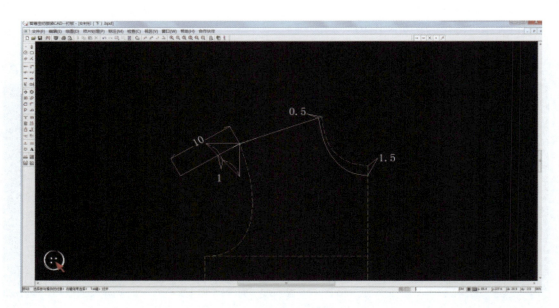

图10-8 绘制前片领口和肩线

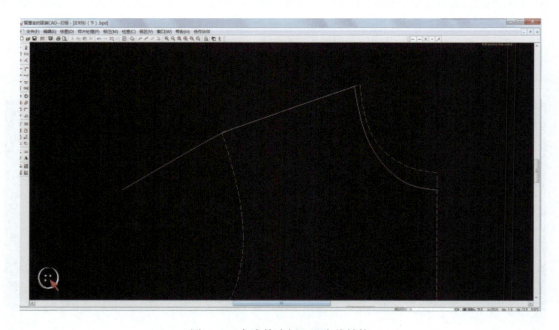

图10-9 完成前片领口和肩线结构

⑧用智尊笔 ✐ +相对点捕捉 ┘ 工具，选择原型中的腋下点，将胸围加宽3.5cm，袖窿加深8cm，得到新的腋下点，并与肩点连接，绘制新的袖窿弧线，袖窿加深量比前袖窿加深量多

1.5cm，是将部分前胸省量转移至袖窿作为松量。用延长﹁工具将前中线延长19cm，用智尊笔 ✎ 从腋下点绘制竖直线，连接下摆线，并将下摆向外摆出1cm（图10-10）。

⑨用智尊笔 ✎+定长点捕捉 ✐ 工具绘制前片弧形分割线，线条起点距颈侧点1cm，经距胸高点（BP点）约3cm，止点位于前中心线，腰围线向下1.5cm，双击线条，增加关键点，将弧线调整为合适的造型（图10-11）。

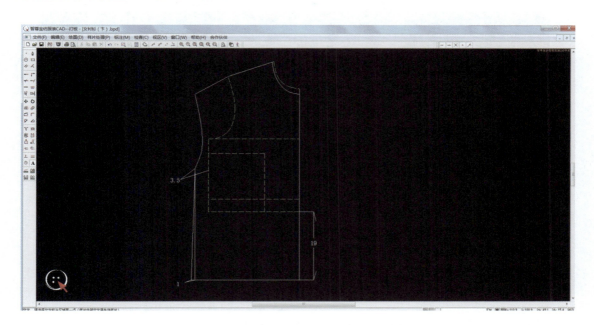

图10-10　绘制前片袖窿弧线、侧缝线和下摆线

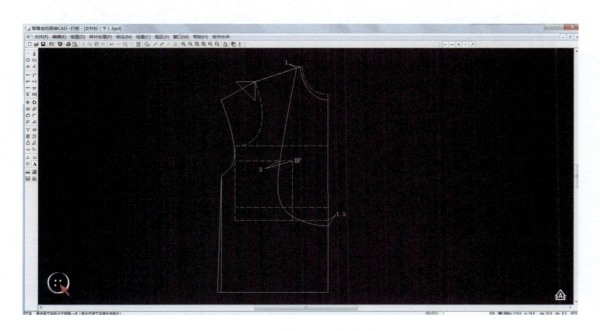

图10-11　绘制前片弧形分割线

⑩将1cm胸省量转移至分割线中，首先从胸省与分割线交点O开始至侧缝线做两条辅助线OA、OB，点A、B间隔1cm（图10-12）。

从分割线至辅助线OA部分，用对齐⊂工具，将线段OA、OB合并，点A、B之间的省量转移到分割线中（图10-13）。

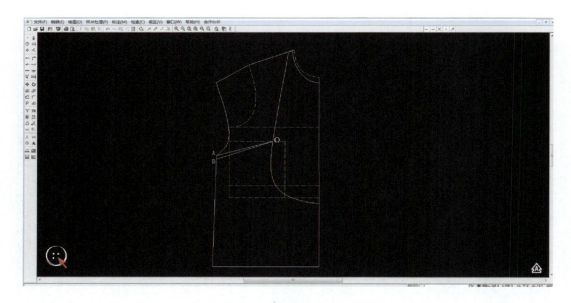

图10-12　作胸省转移辅助线

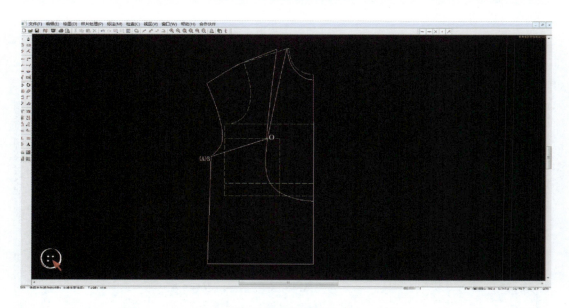

图10-13　转移胸省

⑪将多余的胸省量在下摆去掉，故下摆侧缝起翘量有1.5cm。衬衫门襟宽度2cm，用平行线⟋工具绘制叠门止口线，止口线平行前中心线1cm，用角连接⌐工具将叠门止口线与下摆线连接。用平行线⟋工具平行止口线2cm，绘制门襟分割线（图10-14）。

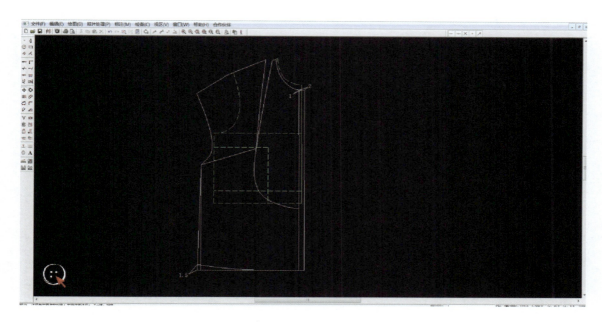

图10-14 绘制门襟分割线

⑫衬衣领子为上下分体式的企领，绘制领子时，首先要测量前后领圈弧线的长度，在菜单栏检查中选择测量，可根据测量对象选择具体测量工具，测量出来的线条长度可保存在公式中（图10-15）。

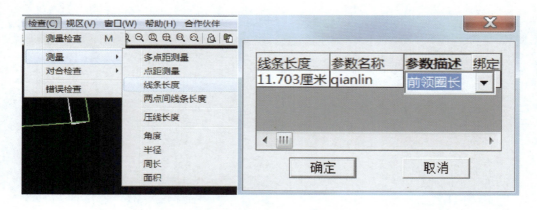

图10-15 测量前后领圈弧线长

⑬根据所测量出来的领圈弧线长度，绘制一条水平线，长度为"后领弧线长+前领弧线长"（前领弧线长不包括门襟宽度），以端点为垂足，绘制一条垂直线，作为领子的后中基础线。从垂足开始绘制领座的领底弧线，弧线在领角处起翘1.5cm，并顺延2cm，此宽度与衬衫门襟宽度一致。调整弧线时要注意弧线在后中段应与后中心线垂直（图10-16）。

⑭从门襟线开始绘制线段垂直领底线，线段长2cm，作为上领装领点。从后中线开始绘制领座上领口线，领座后中宽2.5cm，门襟位置宽2cm，领角形状为圆角，上领口线与领底线造型相似，后中与后中心线垂直，领角处有领底线垂直（图10-17）。

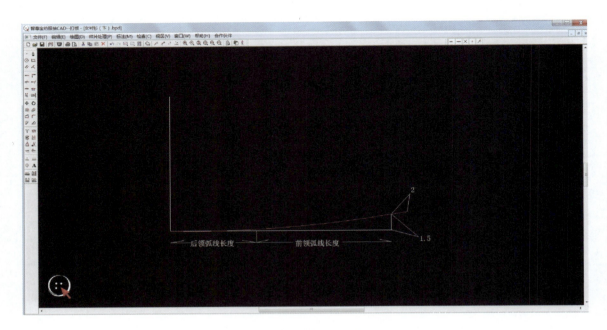

图10-16 绘制领座的领底弧线

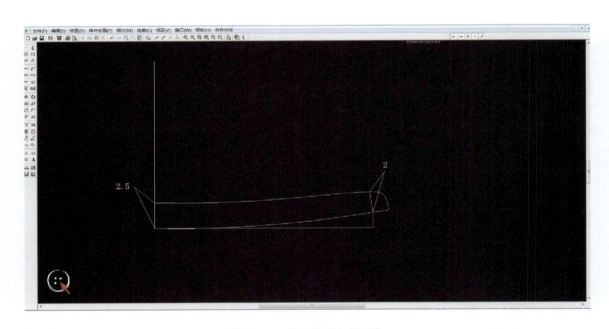

图10-17 绘制领座上领口线

⑮翻领领底在后中起翘4cm，绘制向下弯曲的弧线，弧线与领座相交于领座装领点，翻领后中宽4cm，从装领点开始绘制7cm的竖直线，与后中连接直线，并在领角处延长2cm，做翻领外领口线基础线（图10-18）。

⑯用加圆角工具 🔲 ，将翻领角改为小圆角造型，并调整外领口线为弧线，翻领的上下领弧线都应垂直后中心线（图10-19）。

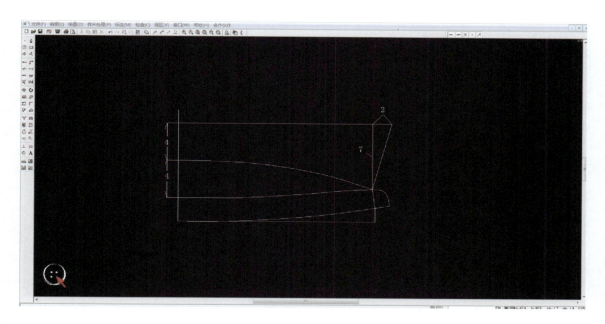

图10-18　绘制翻领

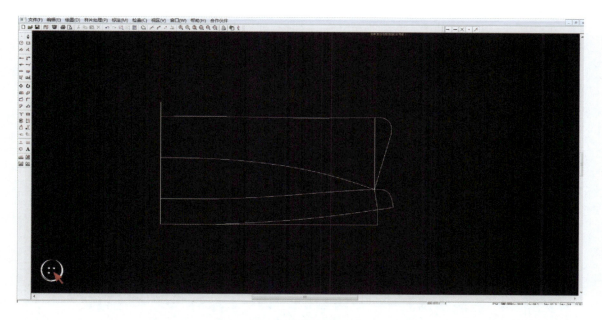

图10-19　调整翻领圆角结构

⑰绘制袖片前应测量前后袖窿的长度，测量方法与测量领圈方法一样。首先绘制一条约50cm的水平线作为袖子落山线，用垂线╲工具从中点绘制5cm长的垂线作为袖山高。用智尊笔◊+投影点捕捉⌐工具，从袖山顶点开始绘制袖山斜线，前袖山斜线的长度为前袖窿弧线长，后袖山斜线的长度为后袖窿弧线长，袖山斜线的端点与落山线相交。用智尊笔◊工具在袖山斜线基础上绘制袖山弧线，由于袖山较低，袖山的弧度起伏也较平缓，前袖山弧线相对于后袖山弧线应内凹一点（图10-20）。

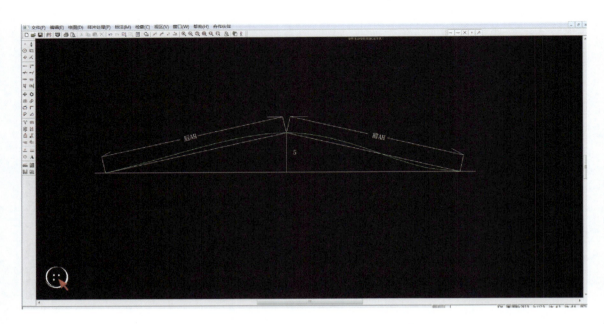

图10-20　绘制袖片落山线、袖山高和袖山弧线

⑱用延长┮工具将袖中心线延长至36cm（袖长－袖克夫宽），并以袖中心线作为中点绘制25cm袖口辅助线（袖口＋褶裥量），连接袖侧缝辅助线（图10-21）。

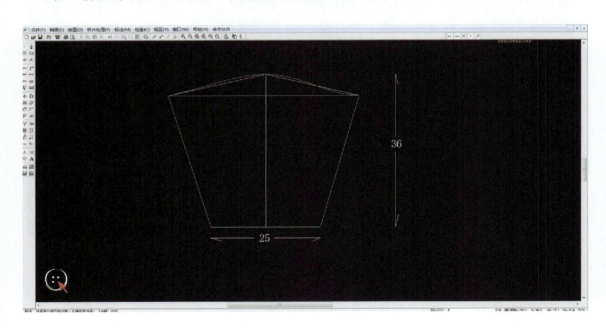

图10-21　绘制袖口和袖侧缝辅助线

⑲将袖底线调整成向内凹的弧线，内凹0.7cm，袖口两端向下起翘约0.5cm，使袖底线与袖口线趋于直角造型；后袖片距袖底线6cm位置绘制袖衩，用垂直┓+定长点捕捉┏工具，袖衩长6cm，同样用垂直┓+定长点捕捉┏工具绘制褶裥，两个褶裥量均为2.5cm，第一个褶裥

距离袖衩3cm，褶裥之间距离1cm（图10-22）。

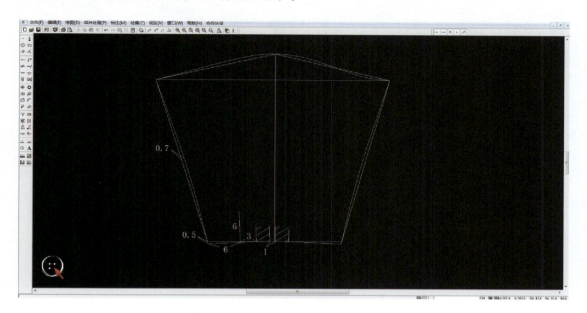

图10-22 绘制袖口线、侧缝线、袖衩、褶裥

⑳用矩形 □ 工具绘制袖衩条和袖克夫，袖衩条长1cm，宽13cm，袖克夫长25cm，宽4cm（图10-23）。

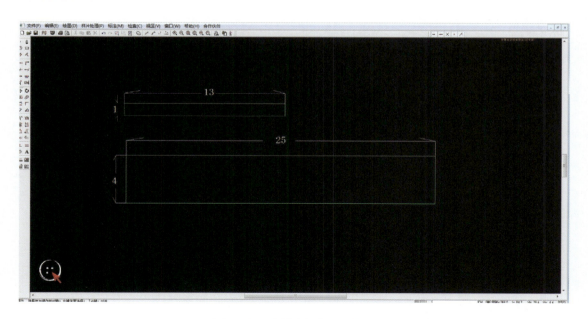

图10-23 绘制袖衩条、袖克夫

㉑用样片取出 工具将所有衣片取出，并在裁片属性中设定好每块裁片的片数及纱向。并将后片、门襟、领座、上领沿中心线对称展开，再对称闭合，对称线则会变成点划线，裁片也可进行其他操作，如修改纱向、加刀眼等（图10-24）。

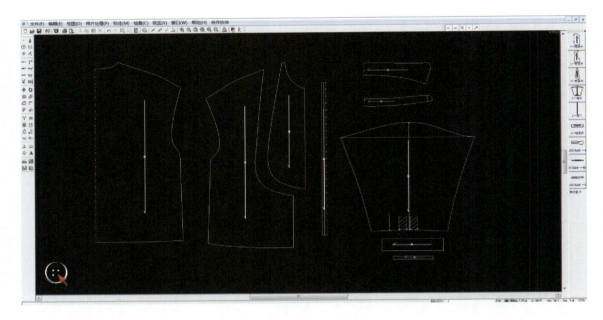

图10-24 取出样片

㉒将所有裁片加缝边，前后衣片中领口、肩、袖窿、侧缝、分割线、门襟加1cm缝边，底摆加2.5cm缝边，袖片加1cm缝边，领底、上领加1cm缝边，袖克夫加1cm缝边，折边加5cm缝边，袖衩条加1cm缝边，折边加2cm缝边（图10-25）。

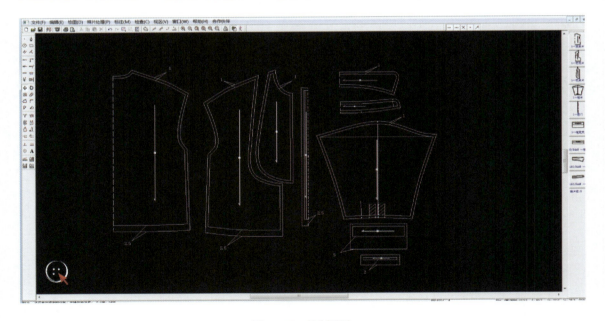

图10-25 绘制缝边

用刀口插入+定长点捕捉的工具将裁片中缝制对位点加刀眼，加刀眼的位置有前片分割线中距肩线20cm处、距前中心线10cm处；领底中心线、领底对肩位置、上领装领点、上领中心线；袖片袖山顶点、袖衩位置、褶裥位置等（图10-26）。

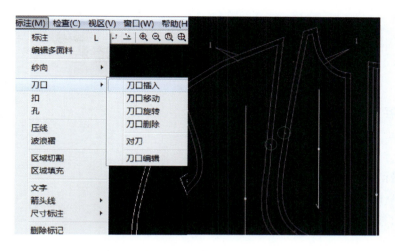

图10-26 插入刀眼

㉓样板绘制完成后，用"打印到绘图仪"工具 🖼️打印输出（图10-27）。

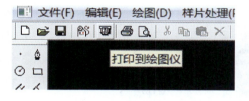

图10-27 打印输出

任务11 衬衫缝制工艺流程

衬衫缝制工艺流程

【任务内容】

衬衫缝制工艺

【任务目标】

1. 学会制作衬衫
2. 描述衬衫制作步骤

11.1 制作准备

衬衫需要用到两种面料，不同面料的样板需分别排料裁剪。首先先排白色面料，白色面料是主要面料，除了服装前胸左右各一块圆弧形以外都是白色面料，先将面料正面向内，按经向方向对折，自然平铺于桌面，使之横平竖直。排料时需按照排料的基本原则来排，如先大后小、紧密套排、缺口合并、大小搭配等；先排主要的样板，如前后衣片，再排袖片、门襟、袖克夫、袖衩条等，尽可能地节约用料，同时注意每个样板上的纱向都应与面料的纱向相一致。排好后用划粉将样板轮廓线描下来，同时将对位刀眼等工艺记号在面料相应部位上标注出来。将衣片沿轮廓线裁剪，领面和领里只需粗裁剪，等粘衬后再进行修剪（图11-1）。

图11-1 排料

11.2 缝制衬衫

①用五线绷缝机拼合前片弧形分割线，弧线较长，为防止缝制后两片衣片错位，用两个对位刀眼标记定位，缝制时面料正面相对，弧线方向相反，在转弯处缝制速度要慢，以免缝歪。缝好后熨烫做缝，做缝要烫开，不能留有虚缝（图11-2、图11-3）。

图11-2 拼合弧形分割线

图11-3 熨烫做缝

②装门襟，将门襟对折熨烫，正反两面做缝烫好，先使用高速平缝机将门襟反面与前片拼接，做缝1cm，再将门襟正面盖住，扣压0.1cm做缝，缝制时下层面料稍带紧，以免下层面料吃势太多（图11-4）。

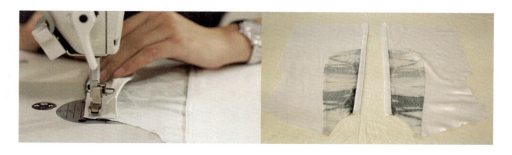

图11-4 装门襟

③用五线绷缝机拼合肩缝，因后肩比前肩略长，在拼合时将后片放于前片之下，面料正面对正面，缝制时适当带紧前片，利用缝纫机缩缝使两片肩缝一样长。缝好熨烫做缝，将缝边倒向后片（图11-5）。

图11-5 拼合肩缝

④做袖衩，先将袖衩条熨烫成1cm宽的长条，可用0.9cm宽的扣烫板，将袖衩条面料包紧扣烫板后熨烫，定型后将扣烫板拿出，袖衩条整理熨烫，由于面料有厚度，这样烫出来会有正反面之分，略窄的一面是正面，略宽的一面是反面。将袖口袖衩部位拉直，夹于袖衩条中间，袖衩条与袖口对齐，压0.1cm明线固定，袖衩中间转折处不能打褶，更不能脱散，袖衩条缝好后在反面将袖衩转折处缝三角形固定（图11-6）。

图11-6 做袖衩

⑤绱袖时要注意袖子的左右和前后不能放错，可以先将衣片和袖子摆放好，再正面相对拿好袖窿的两端以免移动，用五线绷缝机拼合，由于袖窿和袖山的弧线方向相反，缝制时注意放慢缝制速度，以免袖山部分出现褶皱（图11-7）。

⑥将衬衫面料侧缝处正面相对，缝制侧缝和袖底缝，因缝线较长，缝制时适当带紧下层面料，防止前后袖窿线错位。缝好后将做缝倒向后片熨烫，做缝烫开，无虚缝。

⑦制作袖克夫时先将袖克夫面料反面粘衬，粘衬要注意熨斗的温度和压力要适当，温度不够时衬粘不牢固，温度过高又会使衬或面料烫坏。粘好衬后将袖克夫对折熨烫，并在反面用消色笔画出袖克夫的净样线，然后按净样线缝制两端。缝制时画线的一面带紧，不画线的一面略松，使之有正反之分。缝好后将袖克夫翻向正面，翻转时两个尖角要翻的平整、美观。整烫出正反面，松的一面是正面，紧的一面是反面，两边缝线处有里外匀，面料不能反吐，同时熨烫袖口做缝（图11-8）。

图11-7 绱袖   图11-8 制作袖克夫

⑧将袖口褶裥按刀眼标记固定住。将袖克夫里子与袖口缝合，做缝1cm，正面做缝盖住缝线，扣压0.1cm，缝制时下层要带紧。装袖克夫时要注意袖衩与袖克夫应连接平直，袖克夫正反两层不能错位，无起涟现象。两只袖口的宽度、长度、褶裥位置等要左右对称（图11-9）。

⑨做领。将粗裁的领子面料反面粘衬，用领子划线板将领子的净样画出来，四周放缝约1cm剪下，领座领底做缝略多，将上领沿划线缝制，缝制时领里在领角处斜向45°带紧，使领子领角自然起翘。缝好后将领子翻向正面，在领子反面熨烫，做缝烫出里外匀，领角45°方向熨烫。熨烫领座下领做缝，将上领夹于领座中间，注意领子正反方向，两端对准领座装领点，缝制时注意对齐左装领点、中点、右装领点。

⑩将领里与衣片正面对正面拼合，注意对肩刀眼点、后中点的对位，做缝倒向领子，领座正面盖住做缝，扣压0.1cm，绱领时注意起点和终点都要对齐门襟止口，领子正反面无起皱无起涟现象（图11-10）。

⑪卷底摆，可先将底摆先折1cm再折1.5cm熨烫好，高速平缝机沿卷边缝0.1cm，烫平（图11-11）。

⑫在门襟和袖克夫上按要求画出纽扣和纽眼的位置，用自动锁眼机和自动钉扣机锁钉。

⑬衬衫整烫时先整烫反面做缝，将所有做缝放平、拉开，正面无虚缝，面料烫平整，无不良褶皱，袖山部分用蒸汽熏烫，不可压死，袖口褶裥烫出造型，整体烫平整，不可烫黄烫坏，不可烫脏（图11-12）。

图11-9　装袖克夫

图11-10　绱领

图11-11　卷底摆

图11-12　整烫

思考与练习

1．在衣柜里找出两件衬衫，对比"基本型衬衫"的主要特征，分析并说出该衬衫的款式特点。

2．请说出品牌服装中衬衫设计与制作的一般过程。

3．扎染是中国面料染色的一种形式和方法，请思考中国传统手工艺中还有哪些对面料进行再设计的形式和方法。

4．用Adobe Illustrator软件绘制设计的衬衫。

项目三　裤装设计与制作

任务12　分析裤装的款式和分类

【任务内容】

1. 裤装的历史沿革
2. 裤装的分类方法和款式特征
3. 裤装的日常选择与搭配

【任务目标】

学生通过学习裤装相关专业知识，掌握裤装的定义，了解裤型结构演变历史和裤型种类细分，能掌握裤装的流行发展方向

12.1　裤装的历史沿革

裤装定义（包括裤子和裙裤）：指穿在人体腰部以下的装束，由裤腰、裤裆、裤管三部分组成。裤装的结构由三个维度（腰围、臀围、脚口大）和两个长度（直裆长和裤长）构成。

最早古人的裤子是很宽松的，用绳子系于腰下。近代裤子是男性专有的服饰，社会变革，女性有了参与社会活动的权利，因此具有便于穿用和简洁美观的特征性。裤子的发展和演变都有着悠久的历史，又因各自文化不同而呈现出较大的差异。在中国的发展历程中，传统服装分为上衣下裳和上、下连属两个形制，裤子大多以内衣的形式存在。

裤子的发展变化从成型到定型经历了多个阶段。

12.1.1　裤子的雏形——胫衣

商朝时期裤子是一种内衣，为不加连裆的内裤，只有两条裤管，穿时两条裤管套在胫上（即膝盖以下的小腿部分），称胫衣（图12-1）。

12.1.2　合裆裤子的出现——裈

公元前302年，赵灵王实行"胡服骑射"的军事改革，因为穿着套裤行动不方便，尤其不能适用于战争骑射，他将传统的套裤改为裤管与裤裆相连的合裆裤。合裆裤的出现不仅能保护大腿和臀部的肌肉及皮肤在骑马时少受摩擦，而且不用在裤裆外加裳就可以外出，这在服装的功能上得到了极大的提高（图12-2）。

12.1.3　裤装外穿的高峰期——魏晋南北朝

魏晋南北朝时期，战事不断、政权更替，各方人民四方迁移，胡汉服装相互影响这一时

图12-1　胫衣

图12-2　合裆裤

期也是中国古代裤装发展的繁盛时期。这时的裤装第一次也是唯一一次作为正式礼服抛头露面。魏晋以后，袴、裤二字合同，合裆之裤既可称"裤"、也可称"袴"（图12-3）。

图12-3　魏晋时期裤装

12.1.4　裤装的平稳发展时期——唐宋以后

　　到了开放的大唐，尤其盛行"胡服"，男女老少皆以穿裤为荣，但这时的裤管已明显收束。唐朝是中国封建社会发展的鼎盛时期，服饰文化吸收融合域外文化而推陈出新，但裤子作为内衣是当时男子的服饰，款式变化不大。并且在气氛非常宽松的唐朝，女子着男装蔚然成风，其中一部分起因归于游牧民族的影响。当时影响中原的外来服饰，绝大多数都是马背上的民族服饰。那些粗犷的身架、英武的装束，以及矫健的马匹，对唐女着装意识产生一种渗透式的影响，同时创造出一种适合女着男装的气氛（图12-4）。

到了宋代经过长期演变之后，裤子又回到了其最初开裆的形制，即以"膝裤"的形式出现。但与先秦时期的胫衣多贴身穿着不同，这种开裆膝裤，多加罩于满裆裤之外。如图12-5所示为出土的宋代富家女子的罗裤。到了宋代虽然服饰的整体已经趋于保守，但是开裆裤和满裆裤仍然并行。

图12-4　唐宋时期裤装

图12-5　宋代罗裤

12.1.5　西式裤装的出现

辛亥革命以后，"中山装"出现并开始流行（图12-6），中国传统的满裆裤改成了西式裤（图12-7），既方便又实用，受到社会各界的欢迎。自此裤子的形式与西方开始相同，裁剪受到西方的影响，变得更加合体方便。

图12-6　中山装

图12-7　西式裤

12.2 女裤分类

当今多元化服装盛行，裤子在服装领域中有着举足轻重的地位，它一直以蜂飞蝶涌之势进入各大商场和大街小巷，装扮着行人，点缀着多彩的人生。在裤子的王国里谁主沉浮，弄潮儿们竞相献技，各展风姿。20世纪60年代"中庸裤"、70年代"喇叭裤"、80年代"宽松裤"、90年代"紧身裤"等，千姿百态、婀娜多姿，无不体现着完美的个性和沸腾的生活。众说裤子的流行是时代的缩影，不无道理，每个社会人都紧跟时代步伐，演绎着各式花样美裤。

（1）按季节分类

季节与气候对裤装的影响主要在于面料的厚薄，对于款式的长短和松紧的影响比较小（图12-8、图12-9）。

图12-8 冬装裤   图12-9 夏装裤

（2）按长短分类

以臀线、裆底、大腿中、膝线、脚踝为参考，女裤的长短变化非常多，有超短裤、短裤（图12-10）、中裤、七分裤（图12-11）、九分裤（图12-12）、长裤（图12-13）。

图12-10 短裤   图12-11 七分裤

图12-12　九分裤　　　　　　　　　　　　图12-13　长裤

（3）按风格分类

女裤风格由款式、面料、合体程度、色彩等要素决定。日常有职业风格、休闲风格、时尚风格、英伦风格、民族风格、甜美风格等。

①职业风格（OL风格）：裤型有修身也有阔腿，以长裤居多。裆部合体，中腰或者高腰居多。线条流畅简洁，单色为主，细节装饰不多，较为低调（图12-14）。

图12-14　职业风格

②英伦风格：根据定位不同可以分为英伦古典、英伦街头、英伦前卫等（图12-15）。

③民族风格：民族风格可以选取的角度有款式造型、图案色彩、装饰工艺等，要保持裤装的时尚度，不能款式、色彩、材质三个要素同时照搬（图12-16）。

④休闲风格（图12-17）。

图12-15　英伦风格

图12-16　民族风格

图12-17　休闲风格

⑤甜美风格（图12-18）。

图12-18　甜美风格

⑥运动风格（图12-19）。

图12-19　运动风格

12.3　裤装的日常选择与搭配

爱美是人的本能，但人无"完人"，裤子的选择受到体型的约束，"时髦""流行"的裤子不一定适合每一个人，而一条合适的裤子不仅能修饰人的体型，还可能影响整体比例。

东方女性普遍存在臀围大的情况，这种身材一般叫作梨型身材。臀围大的女性在穿衣搭配方面常常会有一些小烦恼。其实平常穿衣时，若能掌握身材特点，穿对衣服，臀围大的身材也可以大方、得体、美丽。

12.3.1　裤子的选择

①裤子要选择合身或稍微宽松的直筒裤，可以试着穿中直筒裤、硬挺的西装裤，不可以太松垮。不要选择紧腿裤或宽松的九分裤。最好不要选择臀部有繁复装饰的裤子，这样容易把视线吸引到臀部。

②挑选牛仔裤的时候可以着重在线条剪裁来进行遮掩，除了低腰设计或腰臀较不紧贴的款式外，低腰从臀部开始便向外延伸的A字剪裁宽版牛仔裤，很适合梨型身材的女性尝试，如此一来就能修饰遮盖过于丰满的臀部。

③牛仔裤的外侧车缝线也很重要，一般来说臀围较大的女性在大腿区域也会比较有肉，所以这一区块的外侧车缝线如果是选择较偏向身体正前方，则修饰腿型。

④应该尽量避免穿紧身裤、七分裤等，这是会让下半身显得更胖的衣着。

12.3.2　几种常见裤装类型的日常搭配

（1）牛仔裤

牛仔裤是最百搭的裤子，一年四季都能穿，每个女性的衣橱里都少不了几条牛仔裤。而且牛仔裤面料坚固耐磨、柔软舒适，上身效果很好，既时尚又舒适。腿型好的女性可以选择紧身牛仔裤，看起来性感苗条，直筒牛仔裤任何腿型穿都好看。

搭配关键词：时尚、百搭、休闲、率性。

最佳搭配：夏季：短袖T恤+帆布鞋（图12-20）；春秋季：风衣+高跟鞋（图12-21）；冬季：皮衣/牛仔服+短靴（图12-22）。

图12-20　夏季　　　　　　　图12-21　春秋季　　　　　　　图12-22　冬季

（2）休闲裤

休闲裤即穿起来显得比较休闲随意的裤子，它比其他类型的裤子的面料和板型都更加舒适随意，色彩也更加丰富。它可以是衣柜里毫无特点的普通裤子，也可以是T台上的时尚主角，多变的设计和风格让人爱不释手。不论是职场，还是日常或街头都能找到适合的款式。

搭配关键词：随性、舒适、休闲、时尚、百变。

最佳搭配：职场：衬衫+纯色OL休闲裤+中跟单鞋（图12-23）；日常：休闲装+直筒休闲裤+运动鞋（图12-24）；街头：外套+紧身休闲裤+运动鞋（图12-25）。

图12-23　职场　　　　　　　图12-24　日常　　　　　　　图12-25　街头

（3）打底裤

打底裤又称内搭裤，是为了配合短裙或者长款上衣设计的。它具有修身、防走光、显腿瘦等特点，所以很受欢迎。打底裤主要有三分、五分、七分、九分打底裤，面料也是多种多样，蕾丝、薄纱、纯棉、针织等，一年四季都有适合的款式。

搭配关键词：贴身、性感、显瘦、时尚。

最佳搭配：夏季：短款连衣裙+三分打底裤+凉鞋（图12-26）；春秋季：长款卫衣+九分打底裤+休闲鞋（图12-27）；冬季：修身针织衫+大衣+打底裤+长靴（图12-28）。

（4）铅笔裤

铅笔裤又叫小脚裤或烟管裤，裤管纤细，修身效果很好。从幼龄姑娘到熟女，各个年龄都可以搭配，是女性日常生活中的常见单品。微胖的女性可以选择略带压力的硬质面料，更显瘦。另外深色的铅笔裤更显瘦，尤其是黑色，最显瘦。

搭配关键词：时尚、性感、百搭、显瘦。

最佳搭配：夏季：T恤+铅笔裤+高跟鞋（图12-29）；春秋季：针织衫+铅笔裤+踝靴（图12-30）；冬季：羽绒服+铅笔裤+雪地靴（图12-31）。

图12-26　夏季

图12-27　春秋季

图12-28　冬季

图12-29　夏季

（5）阔腿裤

　　阔腿裤即拥有宽阔裤腿的裤子。20世纪曾经流行的喇叭裤就属于阔腿裤，它宽松的轮廓看起来简洁大气，帅气张扬又不失女人味。宽大的裤腿能很好地掩饰不完美的腿型，选择高腰的款式更好看，而且收腰显瘦。

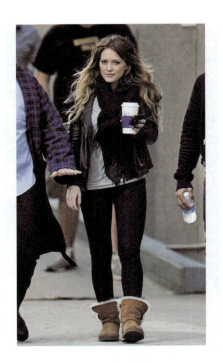

图12-30　春秋季　　　　　　　　　　　　图12-31　冬季

搭配关键词：帅气、气场、优雅、女人味、中性风。

最佳搭配：夏季：T恤+七分阔腿裤+时装鞋（图12-32）；春秋季：雪纺衫+九分阔腿裤+高跟鞋（图12-33）；冬季：毛衣+风衣+阔腿裤+踝靴（图12-34）。

图12-32　夏季　　　　　　　图12-33　春秋季　　　　　　　图12-34　冬季

（6）哈伦裤

哈伦裤肥瘦不一，细分种类也非常多，裆的位置有高有低，而且反差都很大。但总的特点是宽松、有垂坠感，比较常见的吊裆裤就属于哈伦裤。哈伦裤可以掩盖臀、胯和大腿的缺陷，如今比较流行的是窄脚哈伦裤，更加完美的塑造腿部线条。

搭配关键词：舒适、休闲、异域风、嘻哈、时尚。

最佳搭配：夏季：修身T恤+哈伦长裤+凉鞋（图12-35）；春秋季：长袖T恤+七分哈伦裤+短靴（图12-36）；冬季：短款羽绒服+毛衣+哈伦长裤+单靴（图12-37）。

图12-35 夏季　　　　　　图12-36 春秋季　　　　　　图12-37 冬季

（7）短裤

比长裤短的裤子都叫短裤，从齐臀到九分长不等。以前只有天热的时候才穿短裤，但是现代女性即使是冬天也会穿，一条短裤搭配连裤袜和踝靴或者是过膝长靴都倍显时尚。但夏天穿超短裤的时候尽量选择贴身款，避免走光露底。

搭配关键词：活泼、时尚、率性、性感。

最佳搭配：夏季：雪纺衫+超短裤+高跟单鞋（图12-38）；春秋季：衬衫+短裤+高跟鞋（图12-39）；冬季：呢大衣+修身毛衣+短裤+短靴（图12-40）。

（8）背带裤

提到背带裤首先想到的就是工装风或者可爱款的牛仔背带裤。近几年秋冬流行的毛呢背带裤也可以穿出优雅范，选择收腰的修身款能穿出御姐范，宽松款就变成萝莉范。不过背带裤怎么穿都显年轻，是必备减龄单品。

搭配关键词：可爱、工装风、学院风、减龄、休闲。

图12-38　夏季　　　　　　　图12-39　春秋季　　　　　　图12-40　冬季

最佳搭配：夏季：短袖T恤+背带裤+运动鞋（图12-41）；春秋季：修身针织衫+背带裤+休闲鞋（图12-42）；冬季：毛呢背带裤+高领毛衣+踝靴（图12-43）。

图12-41　夏季　　　　　　　图12-42　春秋季　　　　　　图12-43　冬季

12.3.3　不同女性体型对裤装的选择

女性的体型并不只有胖瘦这两种，想要穿的漂亮首先要了解自己是什么类型身材。据相关媒体调查研究发现，全球女性身材大致可以分为五种：沙漏型、H型、梨型、倒三角型和苹果型，用英文字母分别表示为X型、H或I型、A型、V型和O型，全球占比分别为26%、18%、22%、9%、25%。

①沙漏型身材：又称为X型身材，是亚种女性较为常见的体型，这种身材肩膀和臀部差不多宽，并且有明显的腰部曲线，匀称而凹凸有致。选择一条紧身铅笔裤，搭配俏皮短夹克或轻薄套头衫，可以秀出完美曲线（图12-44）。

图12-44　沙漏型（X型）

②H型身材：也有人称之为矩形身材或I型身材，这种体型胸和臀都不丰满，整体看上去较瘦。选择直筒裤可以看上去更高，但要打造出曲线美还是得选择哈伦裤或锥形裤。最好选择裤子上有一些褶皱设计的，腿过瘦的女性不要穿紧身裤（图12-45）。

③梨型身材：又称为A型身材，比较鲜明的特征是臀比肩宽，上身较瘦，而下身较为丰满。理论上说这种身材穿裙子更加合适，如果穿裤子就要注意了，穿亮色上衣搭配深色裤子，选一个宽大的腰带或者围巾、小饰品，让人们的目光集中在上半身（图12-46）。

④倒三角型身材：又称为漏斗型或V型身材，典型特点是肩宽、胸围大、臀围小，上半身较为丰满，所以看上去像个倒三角一样。一条高腰阔腿裤是最好的选择，宽大的裤腿可以平衡宽肩，而高腰展示平坦的腹部，突出曲线美（图12-47）。

⑤苹果型身材：又称为椭圆型身材或O型身材，这种身材的典型特点是肚子大、腹部突出浑圆、腰部曲线不明显、但下肢纤细修长。这种身材的女性选择裤子的时候一定要突出纤长的美腿，穿修身一点的裤子，如直筒裤、铅笔裤（图12-48）。

图12-45 H型

图12-46 梨型（A型）

图12-47 倒三角型（V型）

图12-48 苹果型（O型）

任务13　裤装设计与制作流程

【任务内容】

裤装设计与制作流程

【任务目标】

学生通过学习裤装设计与制作流程相关专业知识，掌握裤装设计与制作的过程

裤装的设计与制作

　　品牌服装的到来是社会物质和精神文明的一大进步，品牌服装的出现是个性化成熟的体现，因此，品牌服装的设计过程不仅仅是品牌服装设计师借助技术和发挥想象力的过程，还是设计师与服用者不断沟通表达消费者需求的过程。

　　①运用目标达成法，对品牌企划案进行研究解读，考虑季节的变化、功能的要求，以及客户的希望和建议，搜索创新的可能性。

　　②面料设计。面料限定法——先把面料限定，如条绒（图13-1）、牛仔布（图13-2）、真丝（图13-3）等，那么就要在设计中考虑适合这种面料的款式和辅料，也可以到面料市场进行有目的的考察，做到心中有数，最后结合设计主题确定主要面料。本季"东方华梦"主题选择极具中国气质的真丝面料，无不透出东方的哲学意境和时尚味道。

图13-1　条绒

图13-2　牛仔布

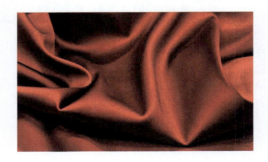

图13-3　真丝

③色彩设计。色彩限定法——先把设计作品的主色系和配色系根据本季的主题进行限定，再根据限定色组进行舍弃和保留。本季"东方华梦"主题下女裤的色彩，选定了靛蓝色作为主色并运用单色配色（图13-4）。

图13-4　靛蓝色

④款式设计。造型结构命题法——先给自己的设计设定造型和结构，如七分宽腿裤（图13-5）、小微喇长裤（图13-6）、九分哈伦裤（图13-7）等。再根据主题要求进行有目的的设计，结合市场流行及未来流行趋势，选定哈伦裤为主要裤型。

图13-5　阔腿裤　　　　　　　　图13-6　微喇裤　　　　　　　　图13-7　哈伦裤

⑤款式图绘制。运用电脑绘图软件（CorelDRAW或AI）绘制女裤款式图，绘制时注意款式的整体比例和细节的表达，对于特殊的工艺制作、装饰明线的间隔距离等附加必要的文字说明。款式图线号选择合理、线条流畅、款式表达完整明确，以便在生产过程中起到制作指导的作用（图13-8）。

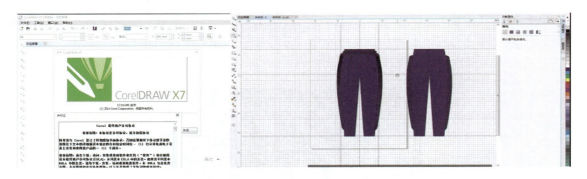

图13-8　绘制款式图

⑥绘制完整的彩色着装效果图。用手绘的方式完成效果图绘制。效果图是一种以绘画作为基本手段、通过丰富的艺术处理方法来体现服装设计的造型和整体气氛的艺术形式，是从艺术的角度表达设计思想、修正设计观念、消除思维中的模糊干扰，使新颖的想法得到表现，强调很高的审美价值（图13-9）。

图13-9　绘制效果图

⑦女裤的结构设计。从人体工学的角度出发，结构、廓型、内部分割线等要素的设计，要最大限度的满足人体舒适度的要求。以女裤款式图为基础，用平面结构设计的方法，运用服装CAD软件，以160/68A号型尺寸为制图规格，根据各部位分配比例，设计绘制出女裤的结构图并打印出1：1的纸样（图13-10）。

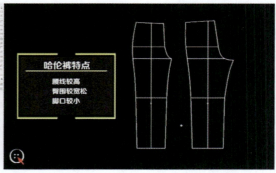

图13-10　结构设计

⑧女裤的工艺制作。女裤的工艺设计分为备料、排料、裁剪、缝纫四个部分，根据裤长和面料的幅宽等计算购买面料的长度。排料时节约用料，一般根据"先大后小、紧密套排、缺口合并、大小搭配"的原则，注意经纬纱向和面料图案的方向性。排料后，检查样板齐全，没有漏排错排，做好标记，可以裁剪面料。缝制工艺按照处理前后片（收省、做口袋等）、缝合裤片、装拉链、上腰的工艺流程完成女裤的缝制。缝制时要求缝线均匀顺直，弧线处圆润顺滑，无断线、浮线、抽线等情况，服装表面切线处平服无皱痕（图13-11）。

图13-11　工艺制作

⑨熨烫和后整理。首先选择适合真丝面料的熨烫温度，将裤子翻过来，口袋掀开，先烫裤裆附近，其次是口袋、裤脚和缝合处；接着烫正面，然后是左右脚侧缝；最后把两管裤脚合起来烫。熨烫前要先在裤子上喷一些水，甚至还要衬上一层湿布。在熨烫迹线的过程中，需将裤片以侧缝为基本标准对齐平放，然后由裤脚口向上熨烫（图13-12）。

熨烫完悬挂无温度后，剪去多余线头，包装待售。

图13-12　熨烫整理

任务14　裤装设计

【任务内容】

品牌裤装设计的基本要素及设计方法

裤装设计

【任务目标】

学生通过学习品牌裤装设计相关专业知识，掌握裤装设计的基本方法，了解裤装设计元素的变化与运用

裤装的设计

在服饰文化高速发展的今天，人们对着装的要求越来越高，服装已从注重实用性转换到现在的合体型、舒适性和美观性。人们的习惯是把时尚的重点放在上半身，要不就把焦点聚集在化妆、发型、配饰等细节处，往往忽视了"下半身"。不同场合需要搭配不同的衣服，人们在购买服装时不仅考虑到服装与发型、体型的相配，还要考虑到服装的穿着场合以及与不同服饰的搭配，让"下半身"时尚起来。

（1）面料选择

选择面料对于设计师来说是一项非常重要的工作内容。市场上的服装面料品种繁多，各有各的特色，羊毛面料厚实温暖（图14-1），棉麻面料朴实清雅（图14-2），蕾丝面料性感华丽（图14-3），镂空面料虚实多变（图14-4）。面料的厚薄、疏密、软硬、轻重对最终的成衣效果起着关键性作用。但无论时尚如何万变，棉麻丝毛仍旧是最为舒适自然的面料。

经过反复比较和筛选，本季品牌"东方华梦"主题的裤装设计，决定采用真丝材质的面料来进行诠释。作为裤装面料，重磅真丝则为首选，重磅真丝除了具备普通丝绸的特点外，还具有不缩水、挺括、易整理等特点，质量高于普通真丝面料，尤其重磅真丝面料不易刮伤，是其他面料无法比拟的（图14-5）。

（2）款式设计

①裤型设计

图14-1　羊毛面料

图14-2　棉麻面料

图14-3　蕾丝面料

图14-4　镂空面料

　　哈伦裤是来自保守的穆斯林妇女服装，后由著名服装设计师保罗·波烈进行了大胆的改造设计。随着哈伦裤的不断发展与壮大，这种裤型在裤装的流行舞台也占据了一席之地。本设计采用哈伦裤的廓型，和精致的丝绸相搭配，打造出一种轻松优雅的感觉（图14-6）。

图14-5　重磅真丝面料

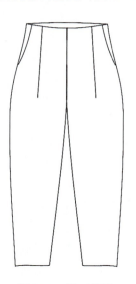

图14-6　裤型设计

　　②款式细节设计

　　"马到功成奏凯歌，五色祥云满乾坤"，选用"东方华梦"主题中的"祥云"作为裤装设计的主要元素（图14-7）。祥云是指吉祥的云彩，象征祥瑞的云气，传说中神仙所驾的彩云。云气神奇美妙，令人遐想，其自然形态的变幻有超凡的魅力。在设计时，将其具象形态抽象化，提取出似云彩飘逸的神韵，通过巧妙的艺术处理，从裤口处沿着裤缝延伸出一道宽窄渐变的装饰边（图14-8），直至腰部，相互交叉，行走时随着人体的动态随意翻飞，充满韵律感。

　　（3）色彩设计

　　中国自古礼仪之邦，崇尚身份仪表，东方气度。文明也将流淌在一个人的一件衣服，一个民族的千万件衣服上。在这个自由而包容的时代里，传统正在变得和时尚并行不悖。在当

图14-7　祥云图案

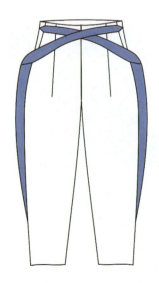

图14-8　装饰边细节设计

今简便的化学印染普遍使用、生活环境日趋恶劣的时期，环保被提上了新的高度。中国古代人民经过反复实践，掌握了一套使用天然的植物染料给纺织品上色的方法——草木染。大自然赐予花果的根、茎、叶、皮，都可以用来提取染液。在多种植物染料中，蓝靛是应用最广的一种。

人们用马蓝草来提取染料的工艺可追溯到春秋战国时期（图14-9），采下的草叶浸泡腐烂后滤出绿色水汁，向绿色水汁中按比例放入石灰，使之发生色素变化，所谓"青出于蓝而胜于蓝"描述的就是这种奇妙的变化。搅拌打蓝时漂浮在水面的泡沫是上品，叫"蓝花"，捞出晒干后制成粉末，因其含蓝靛成分最高，但产量低，所以身价也最高。经过一晚的沉淀，石灰和汁液发生了奇妙的化学反应，形成蓝色沉淀物，捞出、装袋、滤干，手工捏成条状，再经过铺晒晾干，就成了"蓝靛"（图14-10）。使用蓝靛染成的布料色泽浓艳，牢度非常好，几千年来一直受到人们喜爱。用蓝靛染色的服饰不仅耐脏、耐晒、不易褪色，而且越经水洗越鲜艳。同时蓝靛还具有药用价值，对于刺挂草割引起的皮肤伤痛以及虫咬烂疮等皮肤疾病，都可起到消炎止痒的作用。蓝色静寂沉稳，属于冷色，贴近东方性情，在中国民间服饰中蓝色最为普遍。

图14-9　马蓝草

图14-10　蓝靛

本季品牌服装就选用蓝靛染色的重磅真丝来设计制作裤装（图14-11）。

（4）装饰扣设计

同样采用祥云元素进行变化（图14-12），设计出腰部白色装饰扣并保持对称的形式（图14-13），使视觉上呈现收紧的效果，在裤装的整体外形线上得到充分展现（图14-14）。

图14-11 蓝靛染色的重磅真丝

图14-12 祥云图案

图14-13 装饰扣设计

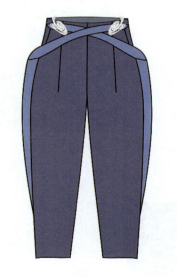

图14-14 装饰扣在裤装中的设计

（5）装饰扣3D打印过程

裤腰的白色装饰扣可以采用3D打印技术来实现。

①建模型、搭支架。

设计长6cm、宽4.5cm、厚0.5cm的祥云图案，在Alias和SolidWorks 3D软件中建好模型，构建实体，再在Materialise软件中搭建支撑支架（图14-15）。

②打印：将其拷至3D打印机中，倒入光敏液体树脂原材料后，进行激光打印（图14-16）。

③清理：激光打印完去除支架，用酒精洗去残留光敏液体树脂，晾干（图14-17）。

④固化：最后放入固化设备中进行固化（图14-18）。

⑤白色祥云装饰物制样完成（图14-19）。

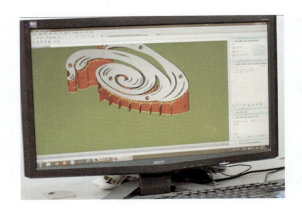

图14-15　建模型、搭支架

图14-16　倒入树脂材料

图14-17　激光打印

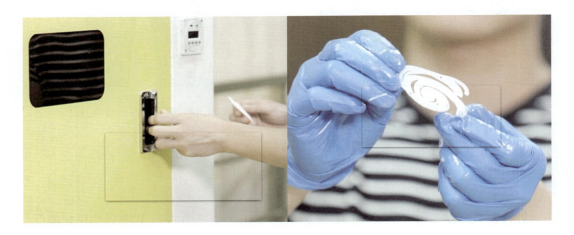

图14-18　固化

　　目前3D打印在服装的批量化设计生产中优势还不明显，但用于原创设计产品的样品试制和大赛作品的设计制作，还是非常精准和便捷的（图14-20）。在这次裤装上祥云装饰扣的设计和试制中，3D打印功不可没，如需批量生产，可以根据不同的选材选择不同的生产方式。

图14-19　完成白色祥云装饰物

图14-20　3D打印服装

任务15　裤装款式图绘制

【任务内容】

绘制裤装款式图

裤装款式图绘制

【任务目标】

1. 学会使用CorelDRAW软件绘制裤装款式图
2. 能用CorelDRAW软件绘制其他服装款式图

CorelDRAW X7软件绘制女裤款式图

①首先打开CorelDRAW X7，使用Ctrl+N快捷键新建工作页面。

②菜单栏——视图——设置——标尺设置——单位——水平改为"厘米"；编辑缩放比例——典型比例改为"1：4"（图15-1）。

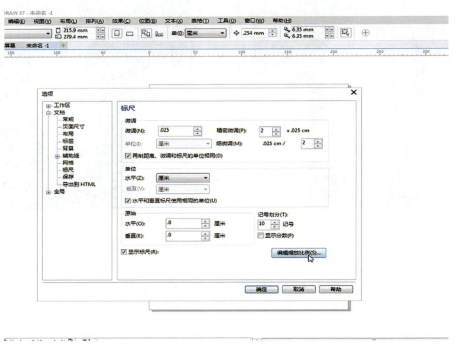

图15-1　设置参数

③网格设置——显示网格，水平为1，垂直为1，点选显示网格，点击确定。

④辅助线的设置（图15-2）。添加水平辅助线和垂直辅助线。

⑤绘制矩形。工具栏——选择矩形工具——绘制一个矩形，宽为34cm、高为89cm，贴齐辅助线。

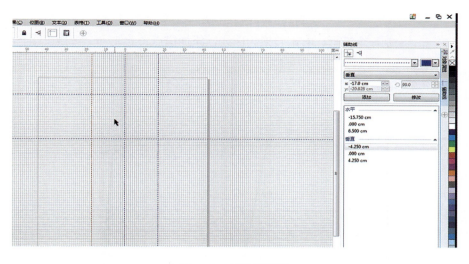

图15-2 辅助线设置

⑥工具栏——选择形状工具——右击转化为曲线，矩形下方右击添加三个描点，中间向上拖动到裆底线位置。

⑦新建臀围参考线——左右各添加一个描点，向外拖动描点，右击两个侧缝线到曲线，右击描点平滑（图15-3）。

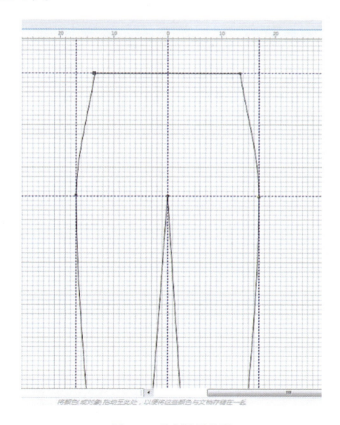

图15-3 绘制裤子基形

⑧工具栏——手绘工具——绘制前门襟线；利用工具栏画线工具绘制门襟线。

⑨工具栏——绘制一个矩形，右击转换为曲线，添加描点，绘制一个裤褶（图15-4）。

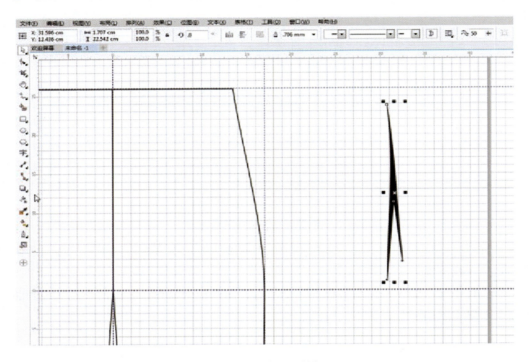

图15-4　绘制一个裤褶

⑩调整裤褶形状，放置在裤子廓型腰位，复制一个放置到另一边，水平镜像，调整位置。工具栏透明度工具，将裤褶从上到下拖动，将裤褶的颜色渐变，以增加裤褶的真实感，利用水平镜像翻转再置一个裤褶（图15-5）。

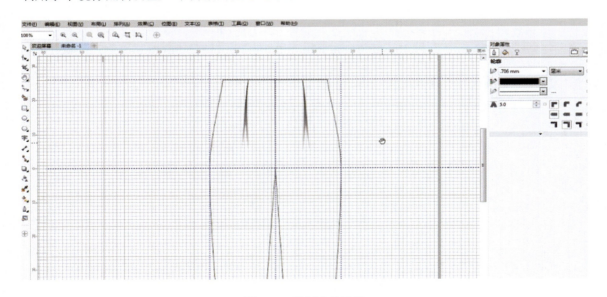

图15-5　绘制完整裤褶

⑪裤身填充颜色，对象属性栏，选择填充——均匀填充（图15-6）。

⑫绘制裤腰与裤边设计的造型，工具栏形状工具——新建矩形工具；利用工具栏形状工具调整裤腰头形状；注意转折线的调整，利用到曲线，将描点转为平滑（图15-7）。

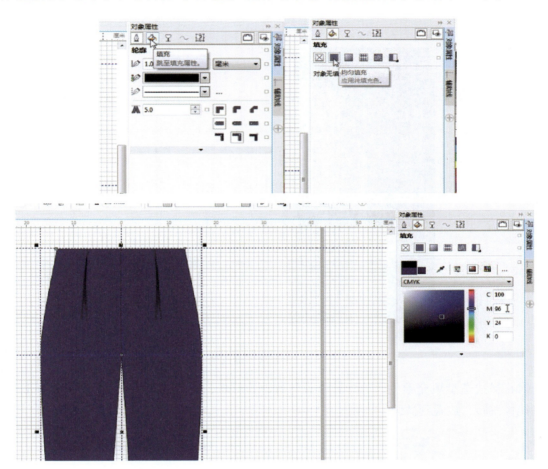

图15-6 填充颜色

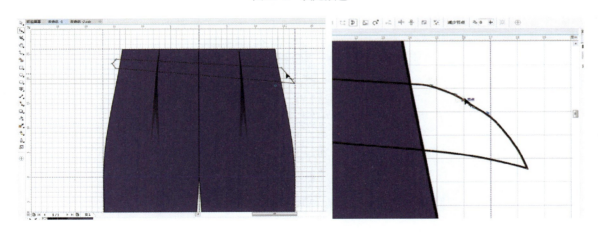

图15-7 绘制裤腰造型

⑬裤侧缝造型绘制，工具栏矩形工具，利用形状工具调整形状，调整裤边形状，贴合裤边线（图15-8）。

图15-8 绘制裤侧缝造型

⑭将裤边造型填充颜色，选择裤腰头与裤边的形状，进行群组（Ctrl+U），复制形状，水平镜像翻转，放置到裤缝另一侧（图15-9）。

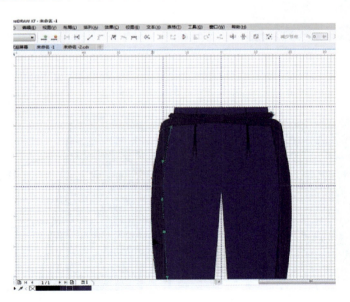

图15-9 绘制完整裤边造型

⑮利用工具栏——透明度工具给裤边造型添加光影层次（图15-10）。

图15-10　添加光影层次

⑯绘制后裤片。复制一个裤子，在复制裤子的基础上调整裤背的款式，将腰头、裤褶删除，应用工具栏——画线工具添加两个后裤褶结构（图15-11）。

图15-11　绘制后裤片

⑰将绘制的纽扣放置到裤腰合理位置，右击调整图层顺序，向后一层（图15-12）。

⑱裤子绘制完成（图15-13）。

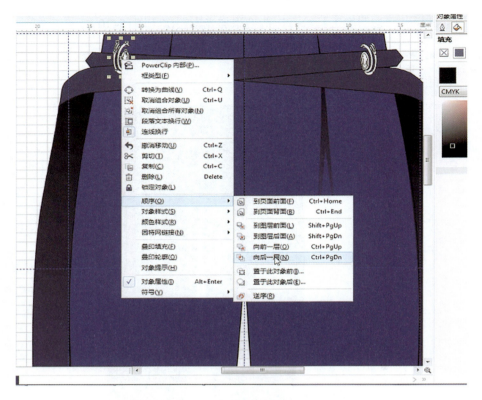

图15-12　调整装饰扣位置

图15-13　裤子绘制完成

任务16　衬衫裤装效果图绘制

衬衫裤装效果图绘制

【任务内容】
1. 服装效果图的绘制步骤
2. 服装效果图中色彩层次关系的处理方式

【任务目标】
1. 通过教师示范讲解，学生能够熟悉并掌握绘制服装效果图的技法和原则
2. 能够结合个人绘画规律形成鲜明的原创风格

16.1　任务导入

服装效果图是快速、便捷表达设计意图的最佳载体，是服装设计师表达设计构思的重要手段。熟练掌握和运用服装效果图的各种表现技法是服装设计师应具备的基本功， 只有这样才能在设计任务实施过程中，满足服装企业对人才更高的需求。因此，在教学过程中应该加强学生的服装画绘制能力，以市场需求为主导，及时解决教学中存在的问题，优化教学方法与教学内容，使学生的设计专业技能得到提高。

服装效果图不仅是课程中表现设计灵感的有力武器，更是体现设计师个人艺术素养的重要标准，是技术与艺术双重价值的表现形式。在整个效果图的绘制环节中，包含着服装款式的刻画、服装色彩的展现、服装人物的描绘、服装线条的绘制、服装风格的表达等多个环节构成，相辅相成，如果某一环节欠缺，则将失去设计作品的完整性与审美高度，不能称之为优秀的艺术作品（图16-1）。

图16-1　马德东服装画作品

16.2　任务实施

洞察力是建立在善于观察题材基础之上的，可以把事物概括地看作是形状、线条、质地、色彩、明暗的结合体。当然，只有把深入的研究精神和强烈的个人兴趣结合起来，才能培养出这样的观察力。因此，技法本身的内涵和寄予的表达意义是非常丰富的，一种具有意义的技法手段，往往能体现和反映出独特的美感特征。

首先从模特人体、服装线条、设计款式以及服装画风格等几个重要方面进行分析，分析的过程也是对宏观把控的重要手段，只有对所绘制的效果图进行充分的分析并加以理解，才能在绘制的每个步骤保证万无一失；其次从服装款式的着色方法以及技巧等方面进行示范，

图16-2　整体形象分析

最后从细节处理、色彩明暗、立体感等方面进行整体协调。

下面开始绘制效果图的步骤演示：

绘制前的重要一步就是对所选取的模特形象进行整体分析，模特形象在表达服装的风格塑造中具有重要的引导作用。在服装模特的绘制表现中，模特的身材比例、五官、发型是非常重要的基础环节，可为后续的风格展现做好铺垫（图16-2）。

16.2.1　衬衫绘制

在绘制的过程中遵循"自上而下"的原则，便于整体掌控，符合服装画技法的绘制顺序。因此从头部开始画起，根据服装风格和个人绘画技法的规律，绘制五官、发型等部位，接下来是绘制衬衫款式的环节。

由于衬衫的设计灵感来源于灯笼，因此在绘制袖窿部分可进行适度夸张，与灯笼的结构特点形成呼应，将效果图表现得更为形象，不仅突出了服装画的情趣性，同时也是培养想象力和表现力的有效方法与途径。

在迎合服装款式的设计过程中，可进行相应的服饰搭配，以便达到整体的设计效果，配饰在整个形象塑造的环节中起到了至关重要的"点睛之笔"。

衬衫的图案主要来源于中国画中的山峦，在绘制中，可根据写意中国画的气质进行演绎，不能过分拘谨图案具象的形与色，重点在于凸出山峦的意象，对图案的形状和排列顺序进行形式美的编排与取舍（图16-3）。

16.2.2　裤装绘制

图16-3　衬衫绘制

哈伦裤，也叫垮裆裤、吊裆裤，近几年来市场上流行的哈伦裤的主要特征是小腿部位窄小，但臀部或大腿部位比较宽松，往往通过褶裥塑造出膨胀的体积感，这种形态的裤子不仅可以拉长小腿，还可以有效地掩盖臀部或者大腿处的缺点，起到修饰、美化人体的作用。因此"上宽下窄"是裤装的结构特点，在绘制过程中不能忽略基本的服装款式特征。

裤装的另外一个特点在于腰间的装饰带，其为立体结构，并且腰带是以穿插为主要的设计形式，对于这种特殊的设计结构需进行前期的研究，才能在表现结构的步骤中灵活自如。所以，对于所要表达的服装款式进行前期细致入微的观察是不能缺少的环节。

其次，服装画中的线条作为一种具有表现功能和审美功能的独立载体，蕴涵着设计师深厚的绘画技巧和艺术品位，是最具情怀、最具品位、最符合时代特征的一种绘画形式。在绘制裤装的款式中要注意线条的起伏转折，不能因为裤装的长度而随意断线，为了避免断线，应注意人体结构和服装廓型的关系，例如关节部位、服装的结构转折部位，都可成为进行停顿的关键点，从而保证绘制裤子线条的精准度与流畅度。

　　另外，裤装的设计重点在于纽扣的设计，纽扣采用了现在盛行的3D打印技术，它的形状来源于中国的祥云，意在传递传统文化与现代时尚的完美融合。

　　最后，整体的服装款式绘制完毕，为了加强整体的立体效果，可在关节处和服装结构转折处，进行局部加粗加重（图16-4）。

16.2.3　着色环节

　　首先从模特的皮肤色开始，在皮肤色的着色步骤中，应该迅速而准确的进行绘制，保证皮肤色的干净通透，契合模特的皮肤质感；其次进行头发颜色的绘制，发色主要以咖啡色或者紫色为主，对于初学者不宜选用浅色系的发色，因为比较难掌控发色和服装之间的对比关系。

图16-4　裤子绘制

　　接下来绘制衬衫中的图案。该图案主要取材于中国画中的山峦元素，所以在用水彩表现图案的过程中，应主要以写意式的笔法来描绘山峦的虚实关系，达到晕染的画面效果，不可过分追求此类风格图案的细节之处。

　　此次设计的色彩重点为白衬衫，因此可通过晕染背景，突出白衬衫的纯粹感。对于衬衫衣纹的明暗层次可根据环境色进行灰色阴影的处理，以达到更好的立体感。配饰和鞋子可采用服装中已有的墨绿色、藏蓝色以及白色进行呼应式搭配，此种搭配方式是服饰搭配中惯用的手法，能够更好地维持整体的协调性，因此配饰部分采用了绿色系绘制，也契合东方华梦的主题（图16-5）。

　　服装效果图的绘制不仅要对服装的外形及细节进行精心的推敲，而且要从服装的功能、构造、材料、缝制、工艺、市场定位、流行的社会环境等诸多方面进行全方位的把握。只有这样绘制出来的服装效果图才具有实用性与艺术性。

图16-5　着色

任务17　裤装结构设计

【任务内容】

裤装结构设计

裤装结构设计

【任务目标】

1. 学会使用智尊宝坊软件设计绘制裤装结构图
2. 能用智尊宝坊软件绘制其他服装结构图

17.1　任务导入——裤装款式分析

此款女裤是臀部宽松、脚口瘦小的锥型裤，前片在腰部有两个对褶，侧缝装有装饰带，装饰带延伸至腹部交叉，两端用装饰扣固定在腰部，后片腰部有4个省道，后中开口，装隐形拉链。根据这些款式特点，采用原型法绘制结构图，便用至尊宝纺打板软件绘制。

17.2　裤装结构设计

①打开智尊宝纺打板软件👤，新建文档（图17–1），选择女裤号型为165/68A，部位规格为：裤长96cm、臀围110cm、腰围70cm、脚口15cm。

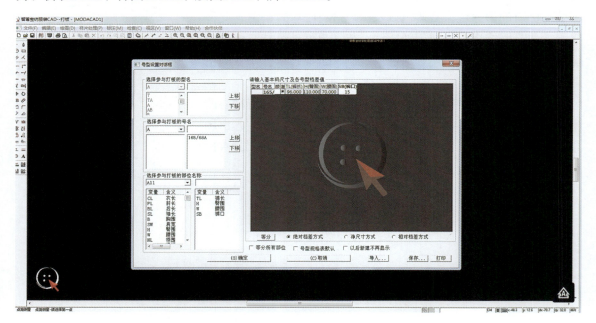

图17–1　新建文档

②绘制女裤标准基本纸样（图17–2），并保留结构图中的省位线、挺缝线、臀围线、中档线等。

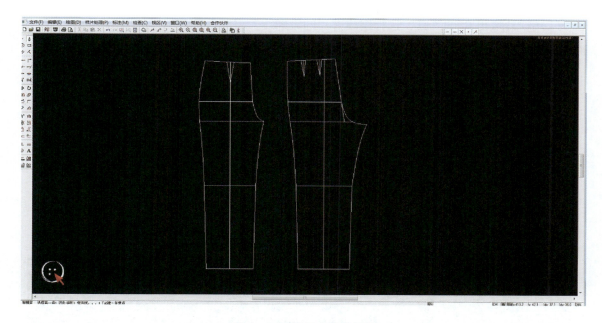

图17-2　女裤标准基本纸样

③在女裤标准基本纸样的基础上，根据款式廓型特点，用平行线工具 ✎ 将前后片腰线抬高2cm，脚口抬高2cm；用智尊笔 ◊ +定长点捕捉 ✐ 工具将前后片脚口大两边各减小2.5cm；用智尊笔 ◊ 重新绘制外侧缝线和内侧缝线，左键双击线条，移动关键点，调整侧缝线的形态，在中档部位，挺缝线两边的尺寸相等，新的轮廓线绘制完成后，将原型中挺缝线及省道线用移动关键点的方法跟随到新的腰口线（图17-3）。

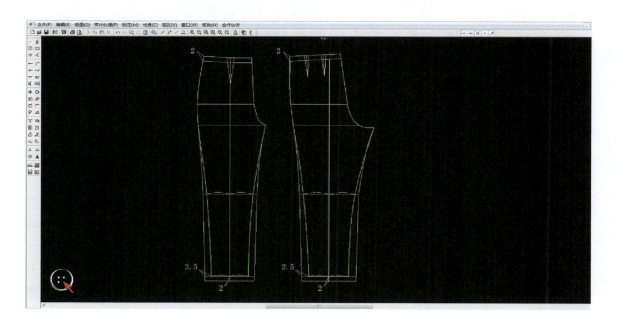

图17-3　调整腰线、脚口线、侧缝线

④用样片取出  的工具，选择组成裤片的轮廓线，将前后裤片的样片取出，同时可设置裁片属性（图17-4）。

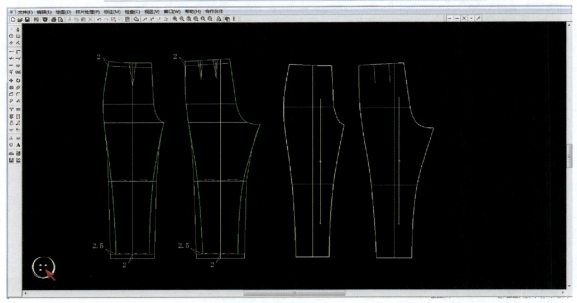

图17-4　取出样片

⑤用褶生成工具 ，以裤中心线为基准线，将前裤片展开6cm，后裤片展开2cm（图17-5）。

⑥菜单栏样片处理中选择褶，选择前裤片中的褶中心线，输入褶的长度5cm，做出前裤片褶的造型（图17-6）。

⑦菜单栏样片处理中选择"褶解散"，选择后裤片中褶中心线，并选择删除内线，将后裤片褶量转化为裤片围度的放松量；样片处理菜单栏中，选择"删除样片内部元素"，将后裤片腰口处的省道中心线删除（图17-7）。

⑧选择垂线工具 +比率点捕捉工具 ，重新绘制后裤片腰省中心线，腰省位于腰口三分之一处，省长为8cm，用挖省工具 ，依次选择后裤片腰围线和省中心线，输入省量为3cm。右击省道线，选择"省山"，给两个腰省加省山，并选择省山倒向后中（图17-8）。

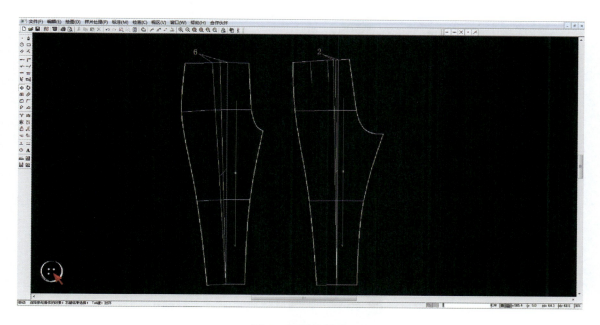

图17-5　展开裤片

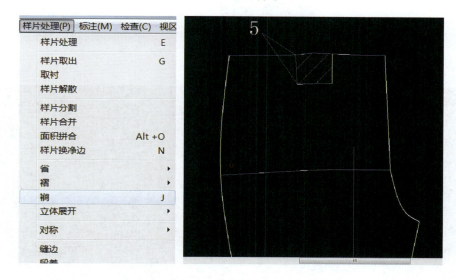

图17-6　绘制前裤片褶裥

⑨裤子侧缝处的装饰带在前裤片结构图的基础上绘制，在前裤片侧缝线上，用智尊笔 ◔ +定长点捕捉 ✐ 工具绘制装饰带，装饰带上端距离腰口线端12cm，宽5cm，呈直角状，下端由宽至窄逐渐消失在距离脚口线端10cm处，并调整线条形态与裤侧缝的形态相似。将绘制的线条形状用移动 ✛ +复制 🔲 的工具复制到空白处，用延长工具 ━ 将线条上端延长32cm，并在顶端绘制成宝剑头造型（图17-9）。

⑩在前后裤片结构图中绘制腰口贴边，用平行线工具 ✐ 在裤片上绘制距离前后腰口线5cm的平行线，并用延伸工具 � 将平行线两端延长，分别与侧缝线和前、后中心线相交。用移动 ✛ +复制 🔲 的工具将前后贴边复制到空白处（图17-10）。

样片处理(P)	标注(M)	检查(C)	视区(V)	窗口(W)	帮助(H
样片处理			E		
样片取出			G		
取衬					
样片解散					
样片分割					
样片合并					
面积拼合			Alt +O		
样片换净边			N		
省			▶		
褶			▶	褶生成	P
褕			J	褶展开	
立体展开			▶	褶闭合	
对称			▶	褶编辑	
缝边				褶删除	
段差				褶解散	
切角					
修剪切角					
缝净转换			H		
删除缝边					
添加元素到样片内					

样片处理(P)	标注(M)	检查(C)	视区
样片处理			E
样片取出			G
取衬			
样片解散			
样片分割			
样片合并			
面积拼合			Alt +O
样片换净边			N
省			▶
褶			▶
褕			J
立体展开			▶
对称			▶
缝边			
段差			
切角			
修剪切角			
缝净转换			H
删除缝边			
添加元素到样片内			
删除样片内部元素			

图17-7 删除后裤片褶中心线

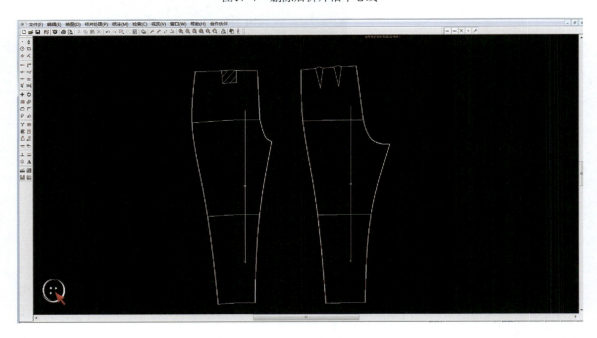

图17-8 绘制后裤片腰省

⑪因复制出来的腰口贴边中还含有腰省量，需将腰省量转移掉。用智尊笔工具选择省道线及与其相交的线条，智尊笔则变成剪刀形状，左击省道线，将省道线删除。用对齐工具⏚将省道边合并，合并后腰口线则起翘较大，用智尊笔将腰口线等绘制圆顺（图17-11）。

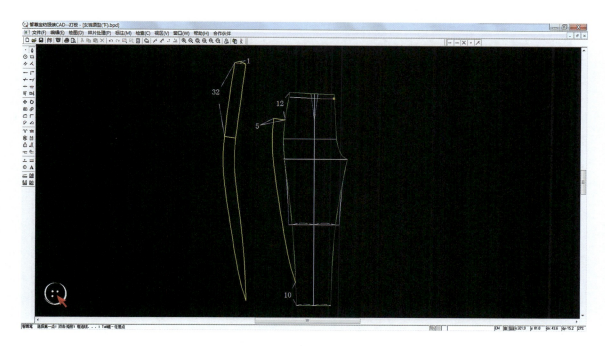

图17-9　绘制裤片装饰带

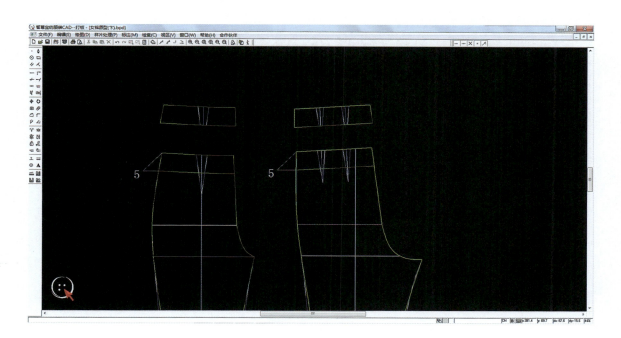

图17-10　绘制腰口贴边

⑫用样片取出工具 将前后裤片、前后腰贴边、装饰带的样板取出，在菜单栏标注中选择纱向工具，将贴边、装饰带的纱向改为与中心线平行。用直立工具 将贴边中心线竖直摆放，在菜单栏样片处理中的对称选项中选择对称片展开，将前裤腰贴边沿前中心线对称展开（图17-12）。

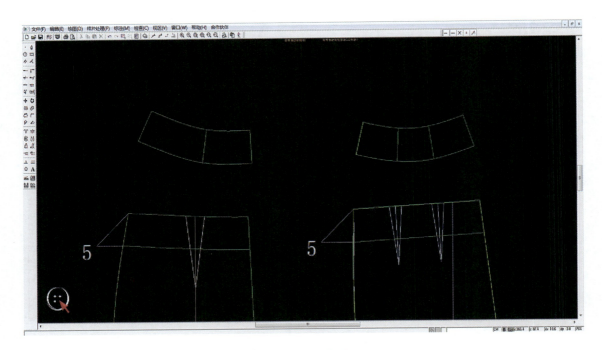

图17-11　完成腰口贴边

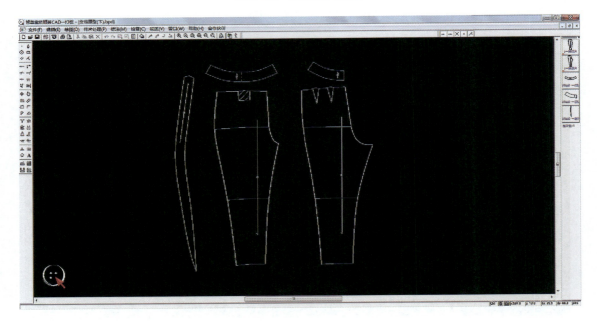

图17-12　取出样片

⑬用加缝边工具《给样板加缝边，裤片腰口、侧缝等缝边1cm，脚口缝边2.5cm，装饰带缝边1cm，腰贴边缝边1cm（图17-13）。

⑭菜单栏"标注"中的"刀口"，选择"刀口插入"，在一些需要对位的关键点加刀口符号。加刀口符号的位置有裤子前后腰线上省道、褶裥位置，裤子中裆位置、侧缝装饰带位置、腰贴边中点位置等（图17-14）。

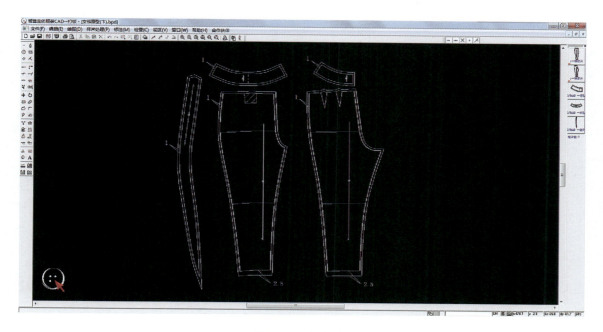

图17-13　加缝边

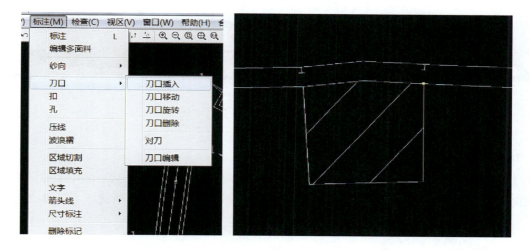

图17-14　插入刀口

⑮样板绘制完成后，用"打印到绘图仪"工具 打印输出（图17-15）。

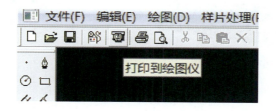

图17-15　打印输出

任务18　裤装缝制工艺流程

【任务内容】
裤装缝制工艺

【任务目标】
1. 学会制作裤装
2. 描述裤装制作步骤

裤装缝制工艺流程

18.1　制作准备

将面料正面向内，沿经向对折铺平，将女裤样板按排料原则排好，用划粉笔将轮廓线画好，裁剪（图18-1）。

图18-1　排料、裁剪

18.2　缝制裤装

①将裁片中需粘衬的部位粘有纺衬。粘衬的部位有裤腰线、裤腰贴边、后中装拉链部位。烫衬时要注意熨斗的温度及压力，温度过低有纺衬粘不牢固，过高则容易烫坏（图18-2）。

图18-2　熨烫粘合衬

②缝制前裤片褶裥时，将褶裥的对位点对折，在反面缝制5cm长度固定，将褶裥中点对准缝线放平，在腰口处固定，并将褶裥熨烫平整（图18-3）。

图18-3　缝制前裤片褶裥

③后裤片收腰省，将腰省沿省中心线正面对折，在反面由省根至省尖点缝制，并将省道倒向后中熨烫平整（图18-4）。

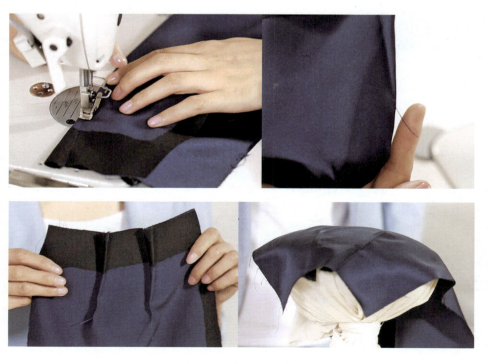

图18-4　后裤片收腰省

④制作腰口贴边，将前后腰口贴边在侧缝处拼接，做缝烫分开缝，拼接好后，贴边下端锁边（图18-5）。

图18-5　制作腰口贴边

⑤制作侧缝装饰带，装饰带面料正面相对，边缘缝合，留与裤侧缝拼接部分不缝，并在连接点位置剪开，便于面料翻折到正面。两条装饰带左右对称，大小、长度、形态等应保持一致（图18-6）。

⑥将裤片外侧缝、内侧缝、裆弯部位锁边，拼合前后裤片侧缝，拼合时将装饰带放于裤片中间一起缝合。缝合后应检查两条装饰带的缝合起点、结束点等左右相等，装饰带缝合起点位置不破损，不起皱（图18-7）。

图18-6　制作侧缝装饰带

图18-7　拼合裤片外侧缝和装饰带

⑦外侧缝拼合好后烫分开缝，为了脚口卷边更准确方便，可先将脚口卷边的宽度熨烫好（图18-8）。

图18-8　熨烫脚口卷边

⑧拼合内侧缝、裆弯，裆弯从前中开始缝合至后中拉链止点，缝合后烫分开缝（图18-9）。

⑨将腰贴边与裤子腰口拼合，从后中开始缝制一圈，同时要注意贴边与裤子的侧缝、中点等对齐，且两端留约10cm不缝。拼合后将贴边两端各剪去0.75cm，再翻至裤子反面，熨烫做缝，为了贴边不反吐，应熨烫出里外匀（图18-10）。

⑩缝制隐形拉链。首先核对拉链及裤片后中开口的位置，做好起点、止点及中点等对位点，在拉链、裤片相应位置上做好记号（图18-11）。

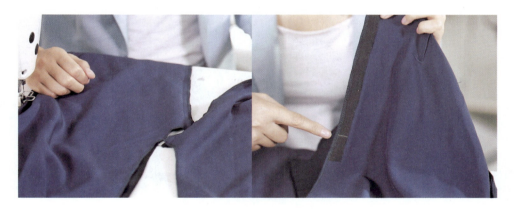

图18-9　拼合内侧缝、裆弯

图18-10　拼合腰贴边与裤子腰口

图18-11　在拉链和裤片上做记号

⑪缝制隐形拉链需将缝纫机普通压脚更换成单边压脚（图18-12），将拉链两侧分别与裤后中拼合，拼合后需检查拉链两边长度是否相等，缝线松紧度是否适宜（图18-13）。

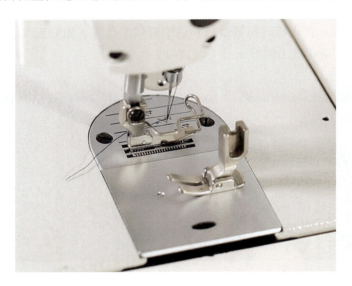

图18-12　更换单边压脚

图18-13　缝制隐形拉链

⑫将贴边后中与拉链布边拼合，由于贴边已剪去0.75cm，与裤腰长度不一致，与拉链拼合后铺平，则贴边在后中缩进0.5cm，便于拉链头上下滑动，此时将腰口处未缝制的10cm缺口缝制完整。缝完后将做缝整理平整，翻到正面，腰口与后中呈直角状。为防止腰贴边反吐，可在腰线做缝处缝扣压缝，在贴边上扣压0.1cm（图18-14）。

图18-14　拼合贴片后中与拉链布边

⑬因脚口卷边宽度已按要求熨烫，只需沿边缘缉0.1cm的缝（图18-15）。

⑭整烫。先熨烫裤子反面做缝，将做缝拉直烫平，再熨烫正面各部位造型。熨烫时注意温度和压力，在熨烫褶裥等造型时，用蒸汽熏烫，不要烫死，否则造型较死板，熨烫省道、做缝等部位时，可在面料上垫一块棉布，以防面料烫伤、烫极光（图18-16）。

图18-15　缝裤脚边

图18-16　整烫

⑮将装饰带在腹部交叉摆放好，用手工针将装饰扣钉于裤片上（图18-17）。

图18-17　手缝装饰扣

思考与练习

1. 如何快速地绘制效果图并表达出服装风格特征？
2. 在上色环节中如何控制整体色彩的协调性？
3. 对于发色和肤色的选择，如何才能满足整体形象的完整度？

项目四　连衣裙设计与制作

任务19　分析连衣裙的款式和分类

【任务内容】
1. 连衣裙的款式特征
2. 连衣裙的主要分类

【任务目标】
1. 学生通过对连衣裙款式的主动观察、思考和分析，能了解连衣裙的主要特征
2. 学生通过对不同款式连衣裙的观察、对比和思考，判断出不同款式的连衣裙所适用的场合

19.1　任务导入

一支口红、一双高跟鞋、一条连衣裙，女孩变成了女人。正如美国设计师黛安·冯芙丝汀宝（Diane von Furstenberg）所说："要感觉像个女人，请穿连衣裙。"1977年，年仅26岁的黛安设计出一条不用拉链的针织连衣裙（WrapDress），一炮而红，连衣裙也从此得到前所未有的关注，甚至成为20世纪70年代的一种标志、一种文化现象，并成为国际时尚界无法复制的经典。

19.2　观察分析思考

请细致观察图19-1以及日常生活中人们所穿着的连衣裙，说说连衣裙的主要款式特征。

连衣裙是指上衣和下裙合二为一的裙装，上下相连不可分，是女装中的传统基本单品。连衣裙款式细节设计较为多样化，款式长短的变化、肩部和领部的变化、胸部和腰部的变化、省道与分割线的变化、褶裥的变化、口袋的变化以及各种装饰手法的变化等，这些都能成为连衣裙的整体款式设计的一部分，合理利用好各种变化则会使连衣裙款式更加出彩。

图19-1　连衣裙

19.3　连衣裙的分类

在现代流行服饰中，连衣裙是女性服饰的常用品类。

（1）根据款式廓型分类

连衣裙款式廓型设计是对连衣裙基本结构的展开变化，具体表现为在基本结构造型基础上进行肩、腰、臀的结构变化使之产生X型、Y型、A型、H型等基本廓型（图19-2、图19-3）。

图19-2　X型连衣裙

图19-3　H型连衣裙

（2）根据腰部分割分类

根据腰部造型变化可分为连腰式连衣裙（图19-4）和断腰式连衣裙（图19-5）。

图19-4　连腰式连衣裙

图19-5　断腰式连衣裙

（3）根据腰线位置分类

连衣裙的款式结构设计是建立在公主线型结构、腰节结构基础上进行结构的设计展开，按照腰节的高低位置设计可分为高腰式（图19-6）、中腰式（图19-7）和低腰式（图19-8）。连腰式结构设计展开是通过分割线结构的变化展开设计，同时还包括对腰线的结构变化。公主线型结构是对公主线的结构转化来进行设计变化的。

图19-6　高腰式　　　　　　　　　图19-7　中腰式　　　　　　　　　图19-8　低腰式

（4）根据款式特征分类

根据款式特征可以分为衬衫式连衣裙、吊带式连衣裙、外套式连衣裙、工装式连衣裙等。衬衫式连衣裙（图19-9）具备衬衫领等领型以及衬衫用料等特征；吊带式连衣裙

图19-9　衬衫式连衣裙

（图19-10）的肩颈部使用吊带的款式设计；外套式连衣裙（图19-11）大多用料厚实保暖。现代服饰的设计求新求变，为满足消费者个性化需求，连衣裙等服装的设计并不一定都有明确的分类。

图19-10　吊带式连衣裙

图19-11　外套式连衣裙

（5）根据穿着场合分类

根据场合穿着特征进行分类，是为了明确连衣裙产品的定位方向，让设计更有目的性和针对性，连衣裙按照场合类别可分为职业类、礼仪类、时尚类、休闲类等（图19-12）。

春夏季连衣裙多以轻薄面料为主，同时考虑不同的穿着场合会选用不同质地及特性的面料，如一般休闲类的可以选用雪纺类面料，营造轻盈飘逸的感觉；礼服类连衣裙则会选用真

图19-12 职业类、礼仪类、时尚类、休闲类连衣裙

丝类面料，营造更有品质的感觉；居家、运动时则会更多地考虑棉质的针织类面料，使穿着者感觉舒适、透气。

连衣裙的设计包括款式的廓型、结构、细节设计、色彩设计、图案设计、面辅料的选择与设计等内容。

连衣裙的色彩搭配设计也更加多元化，如印花类、单一色调类等，在色彩上应根据设计主题、设计对象等进行不同的款式色彩设计，在色彩设计方法上可以采用色彩的置换法、实验法、采集重构等方法对连衣裙的色彩进行多种方案的搭配设计，从而选择更为适合的色彩关系。

不同的面料质地会对连衣裙造型产生不同的着装效果，因此，在表现连衣裙样式特征的过程中，必须合理的、有目的的选择相应的面料，如女性化、飘逸感、轻薄的连衣裙应该选用丝绸、雪纺等面料；帅气、干练利落的连衣裙则应该选择挺括的面料，如棉质、麻质的面料等。

任务20　连衣裙设计

连衣裙设计

【任务内容】

连衣裙的款式、图案、色彩设计

【任务目标】

通过连衣裙款式、图案、色彩设计的典型案例分析，总结出设计的基本方法

20.1　任务导入

每天早上家里是不是都上演着一部穿搭时装大片？

每天早上是不是都要翻箱倒柜烦恼着穿什么？上面穿什么？下面搭什么？

在日趋快节奏的生活状态下，人们的服装消费需求发生了变化：更多的女性消费者寻求简单的穿搭和能直白表达自己个性的单品。

连衣裙应该是女装中最简单、快捷的穿搭单品之一。

20.2　典型案例分析——连衣裙设计

中国在旧石器时代就出现了缝纫工具和装饰品，但得以留存的服装资料太匮乏，只能从年代较晚的遗物遗迹中寻求借鉴和线索，例如新石器时代辛店文化陶器上绘饰的人形图像，表现出衣身宽松、上下相连、腰间束缚的服饰特征。

商代，河南安阳出土的玉人，身穿长袍，裳裙曳地，长袍也体现了上下相连的服饰特征。而在古代欧洲，形成了以古埃及、古希腊等地域为代表的宽松、垂挂、上下相连的服饰形式，例如套头而穿的贯头衣叫卡拉西里斯。

从远古到现代，连衣裙经久不衰，各大女装品牌纷纷将它作为女装中的核心竞争单品。根据2018某女装品牌的产品企划方案开展连衣裙设计任务：

（1）收集资料作为灵感来源图片

根据品牌企划要求，从企划主题"唯我唯美"（图20-1）这张图片拓展开，收集符合主题的资料和图片。

请记住两个词：紧扣主题和多多益善。在紧扣主题的前提下，资料和图片收集得越多越好。有量的积累，才能实现质的飞跃。

最好的资料收集方式是背着相机，走出教室，实地采集，校园内外、国内国外、风景名胜、博物馆、艺术馆、美术馆、发布会、展会等。有目的地仔细观察、寻找，发现美、采集美，不过这种方式是需要体力、时间和经济实力的允许。在条件受限的情况下还可以从国内外出版物、国内外网络等渠道来满足资料收集的需求。这两种方式高效、便捷，但缺乏直观的视觉、触觉等感官体验。

通过以上渠道我们收集资料的范畴很宽泛，可以是自然风光，例如，山川河流、动植物

图20-1　主题图片

等；也可以是艺术作品、中国传统文化、国外异域风情、民族服饰文化、建筑、未来科技、美食、影视作品、街头文化等。

从这些资料中分析认为自然风光中的花卉植物是女人的最爱，是女装中常用的设计素材。把收集的各类资料进行整理，将最贴近品牌企划主题的花卉植物类图片选出来作为本次连衣裙设计的主要素材，其中罂粟花有一种窒息的美丽，犹如天使和魔鬼的化身（图20-2）。

运用具象思维的方法开始尝试对罂粟花图片进行有目的地分析加工，把这枝造型优美的罂粟花提取出来作为基础设计素材，也是连衣裙设计的主要设计要素（图20-3）。

（2）款式廓型设计

在人体素材库选择一个适合品牌产品风格的时装绘画人体后，开始连衣裙款式设计，连衣裙款式设计包括廓型和局部细节的设计。以该品牌产品常用的X型和A型为参考，运用逆向思维的方法将提取出的基础设计素材进行上下翻转，应用于上半身的廓型设计，考虑到长裙能体现女性的优雅和知性美，将翻转后的基础设计素材进行纵向拉伸，应用于下半身的廓型设计，设计出X廓型的连衣裙（图20-4）。

在此基础上继续完善连衣裙的局部细节设计：领、袖、腰、下摆。领口向两侧开大，满足春夏季连衣裙的舒适性和透气性需求，连身袖和宽袖口的设计符合了自由自主、无拘无束的大廓型设计趋势，上下

图20-2　罂粟花

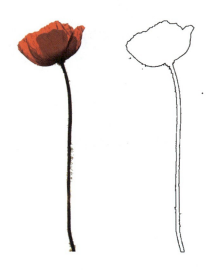

图20-3　提取罂粟花造型

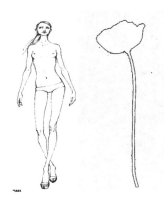

图20-4　款式廓型设计

相连后，合体的腰部造型通过褶裥的结构设计来体现，最后将大摆围的下摆设计出流畅的轮廓，体现唯美的设计理念（图20-5）。

（3）定位花型设计

根据连衣裙的款式廓型设计定位花型。近几年，将花型与款式完美结合，来展现个性时装的定位花型设计，在时尚界掀起一阵新浪潮，定位花型呈现出与平铺满底花型不同的视觉效果，更具有设计感和个性魅力。

将提取出的基础设计素材，运用变化与统一的设计思维进行方向变化设计，将变化后不同方向的花型进行重复变化组合，构成艺术与知性并存、节奏与韵律兼具、饱满而又错落有致的定位花型。花型主要定位在以腰节线为中心的上衣和下裙的中心部位（图20-6）。

（4）色彩设计

这个世界因为色彩而绚丽，连衣裙的色彩设计用采集

图20-5　完善连衣裙款式

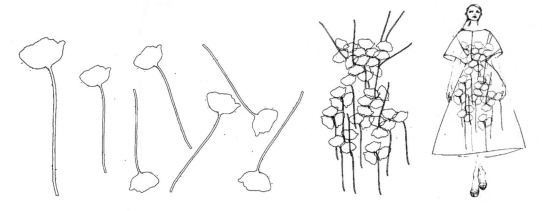

图20-6　定位花型设计

重构的方法相对简单，先将灵感来源图片中的色彩提取出来，做成色块小样，选取1～2套色作为主色，其余根据设计需要选取作为辅色或点缀色（图20-7）。

图20-7 色彩的采集重构

选取白色和大红色作为衣身和花型上大面积运用的主色，选取枣红色作为花型上体现层次的辅助色，选取橄榄绿色在枝干上作为点缀色（图20-8）。

（5）面料选择设计

连衣裙面料的选择设计。春夏季连衣裙通常选择棉（图20-9）、麻（图20-10）、丝（图20-11）、雪纺（图20-12）等轻薄型面料。棉质面料吸湿透气、舒适耐穿，但光泽感欠佳，缺乏唯美的气质；麻质面料以体现文艺气息为主，不利品牌当季企划风格的表现。

丝绸面料是高档面料，有光泽，吸湿、透气，但价格偏高。雪纺面料相对轻薄，透气性不如丝织物和棉织物。综合棉织物和丝织物的优缺点，选择由30%桑蚕丝和70%棉交织而成的丝棉面料，既满足产品风格、款式造型设计的需要，也降低了面料购买的成本。

图20-8 连衣裙色彩设计

图20-9 棉

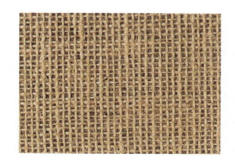

图20-10 麻

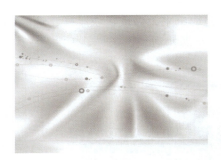

图20-11　丝

图20-12　雪纺

　　将款式、色彩、花型、面料设计综合起来，完成该品牌2018春夏季连衣裙设计（图20-13）。

图20-13　连衣裙

任务21　连衣裙面料再设计——数码印花

【任务内容】

定位花型的数码印花

连衣裙装饰工艺
数码印花

【任务目标】

1. 能够根据面料成分选择相应的数码印花设备
2. 描述数码印花的出样步骤

21.1　任务准备

数码印花是近些年在面料图案设计中快速出图打样的重要手段之一，不同的数码印花设备适用于不同的纺织品，有专用于棉织物的数码印花设备，也有专用于涤纶等织物的数码印花设备。

该款连衣裙的设计制作选用了丝棉面料，其定位花型的快速出样根据面料特性选择棉织物数码印花设备。

21.2　任务实施

定位花型的设计出样分以下五个步骤：设计出图、铺布、样稿输入设置、打印出样、压烫定型。

（1）设计制图

应用平面设计软件，如Photoshop等设计绘制出花纹图案。

（2）铺布

将面料的纬纱方向与数码印花设备的短边平行放置，面料的经纱方向与数码印花设备的长边平行放置，利用数码印花设备上的胶将面料粘住，用手将其铺平铺顺，不起皱（图21-1）。

图21-1　铺布

图21-2　样稿输入

图21-3　设置参数

图21-4　打印出样

（3）样稿输入、定位

将设计好的图案花型，输入与数码印花设备相连的计算机中，在计算机中设置好图案的大小为82cm×50cm，根据图案在样板上的位置确定图案花型的打印位置和方向。因为连衣裙款式中波浪褶的设计需要进行45°斜向裁剪，所以设置花型打印方向为斜向45°（图21-2）。

（4）打印出样

所有参数设置完毕，点击数码印花设备操作面板上的打印按钮，设备开始打印（图21-3）。

数码喷印过程中染料的使用由计算机"按需分配"（图21-4），在喷印过程中没有染料浪费，没有废水产生，不产生噪音，使得喷印过程中不产生污染，实现绿色设计生产过程，从而使纺织印花的生产摆脱过去高能耗、高污染、高噪音的生产过程，实现低能耗、无污染的生产过程，给纺织印染的生产带来了一次技术革命。

（5）压烫定型

刚刚打印完图案花型的面料，需等待色墨干至不会被刮蹭，方可从数码印花设备上取下。取下后，设置全自动气动压烫机的压烫温度为150℃，压烫时间为12秒，启动该设备将定位花型压烫定型，使其在洗涤服用中达到耐洗、耐磨、耐烫等性能（图21-5）。

图21-5　压烫定型

最终成型的定位花型表现出色彩丰富鲜艳、图像精细明晰、层次丰厚自然的特性，符合连衣裙的设计需要。

任务22 连衣裙效果图绘制

【任务内容】

绘制连衣裙效果图

【任务目标】

1. 学会使用Illustrator、Photoshop软件绘制连衣裙效果图
2. 能使用Illustrator、Photoshop软件绘制其他服装效果图

连衣裙效果图绘制

Adobe Illustrator和Photoshop绘制连衣裙效果图

电脑软件绘制连衣裙效果图，需要使用的软件是Adobe Illustrator和Photoshop，基本流程是用Illustrator软件绘制连衣裙的线描稿，将绘制好的线描稿复制到Photoshop软件中进行颜色、图案的绘制，具体步骤如下：

①打开Illustrator软件，在菜单栏中点击"文件"按钮，在下拉菜单中选择新建命令，并在弹出的新建文档对话框中选择好相应的参数，选择配置文件为打印，大小为A4，取向为竖向，选择好后点击"确定"按钮，这样就可以在一个空白的界面上进行效果图的绘制了（图22-1）。

②从素材库中找出合适的人体模板，并在此人体模板上进行连衣裙款式的绘制，将选择好的人体模板文件直接拖入到软件中，并点击控制面板中的嵌入按钮，这样就可以在人体上

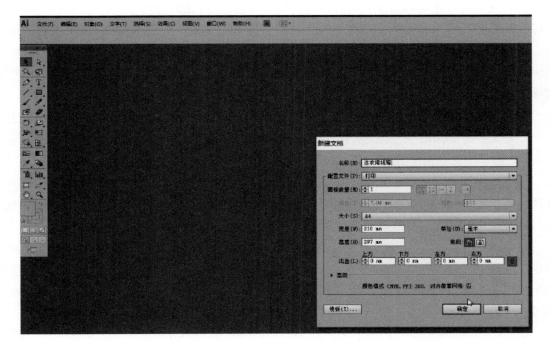

图22-1 新建文件

绘制连衣裙的线稿了。

③使用钢笔工具 🖊️ 画出连衣裙上半部分的基本廓型（图22-2）。先画出连衣裙腰节线以上的部分，从领口开始，逐步往下，绘制出袖子等部位的直线形，再使用转换锚点工具 📐 将连接直线的锚点进行曲线转换，并将所有的直线转换为适合的曲线，这里使用钢笔工具时要注意，锚点不要点的过多，尽可能根据连衣裙的结构和人体的结构进行锚点的放置，锚点过多会大大增加绘制的工作量，同时不会有明显的作用，做到适用、够用即可。

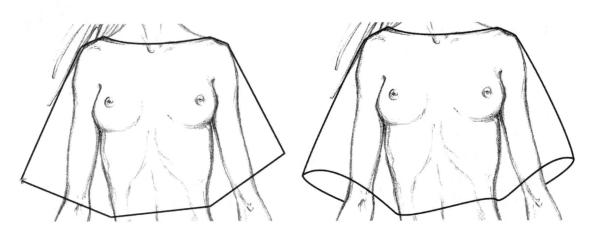

图22-2　绘制连衣裙上半部分

④连衣裙的上半部分绘制好后用相同的方法绘制连衣裙的下半部分，也就是裙子的部分，绘制完成后对连衣裙的线条进行微调，用直接选择工具 ▶️ 点击需要调整的线段，此时会出现线段间锚点的调整手柄，拖拽手柄从而达到线条的最佳效果，调整好线条的位置和形状后，再根据整体绘制要求调整线条的粗细，用选择工具将所有绘制出的线条选中，并在控制面板里选择所需的描边数据，最后再检查一下所有的线条是否闭合，没有闭合的线条用直接选择工具选中没有闭合的锚点进行拖动连接（图22-3）。

完成线稿的绘制后点击菜单栏的文件按钮，在下拉菜单中选择储存，将画好的线稿进行保存，先保存为Illustrator的默认格式，保存好后再将其导出为JPG的格式，为在Photoshop里上色备用。

⑤打开Photoshop软件，新建A4大小，分辨率为300像素/英寸的文件，命名为花型图案。打开罂粟花图片（图22-4），使用魔棒工具 ✨，容差调为30，点击鼠标左键选中整枝花型图案，使用移动工具 ▶️ 将花型拖至新建的花型图案文件中，保存（图22-5）。

⑥在Photoshop中打开连衣裙线描稿，按快捷键Shift+Ctrl+N新建图层，将花型复制粘贴在连衣裙线描稿中，按下快捷键Ctrl+T，用鼠标左键对单枝花型进行缩放、翻转和旋转（图22-6）。将单枝花型进行反复复制粘贴，根据形式美法则进行组合设计布局在连衣裙上（图22-7）。

⑦用魔棒工具 ✨ 选中连衣裙外轮廓，按快捷键Shift+Ctrl+N新建图层，用渐变工具 🔲，将连衣裙从上至下填充由灰到白的渐变色，完成连衣裙效果图绘制（图22-8）。

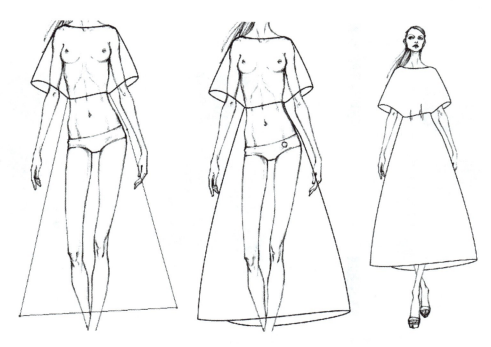

图22-3 绘制连衣裙线描稿

图22-4 罂粟花图片

图22-5 提取整枝花型

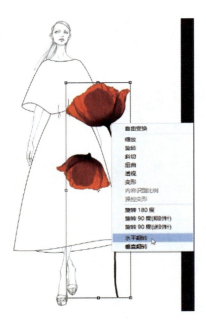

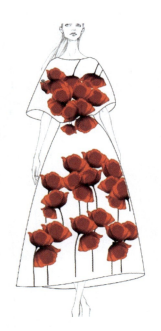

图22-6　单枝花型缩放、翻转、旋转　　　图22-7　连衣裙花型设计布局　　　图22-8　连衣裙效果图

任务23　连衣裙结构设计

【任务内容】

连衣裙结构设计

连衣裙结构设计

【任务目标】

1. 学会用立体裁剪的方法设计制作连衣裙的结构图
2. 能用立体裁剪的方法设计制作其他服装结构图

23.1　任务导入——连衣裙款式分析

首先分析款式图（图23-1）。该连衣裙长度在小腿位置，大圆领，腰部有褶裥，袖子是连肩袖造型。该款式用立体裁剪的方法来进行结构设计，比较直观。

23.2　连衣裙立裁前的准备

①人台：选用165/84A的标准人台。
②布料：两块长140cm、宽140cm的布料。
③立裁工具：标识线、立裁专用针、针插包、记号笔、尺、剪刀、滚轮、锥子等。

23.3　连衣裙立体裁剪

①布料按对角线对折，斜纱方向为中心线。依次画好胸围线、腰围线，可以剪去一部分斜角。接近斜角的红色线条长度大约是40cm，沿该线要剪掉尖角。距离该线大约是30cm画第二条线，这条线一定要垂直于中心线，是胸围线所在的位置。接着平行距离18cm画线，该线是腰围线所在的位置（图23-2）。

图23-1　连衣裙款式图

图23-2　布料准备

②做前片。把面料上的中心线对齐人台中心线，胸围线、腰围线分别对准人台的胸围线、腰围线（图23-3）。

③剪出领圈的基本轮廓（图23-4）。

图23-3 基础线对齐人台

图23-4 剪基本领圈

④做前腰部褶裥。左右手各捏一个褶，然后右手的褶在上，左手的在下，重叠交叉固定。依次沿人台的腰围线做好三个褶裥（图23-5、图23-6）。

图23-5 捏褶

图23-6 褶裥交叉固定

⑤整理前片。调整褶裥的量和位置，把布料沿前中心线向肩部抹平整（图23-7）。

⑥贴前领圈标识线、修剪领圈（图23-8）。

⑦固定前腰部侧缝点。用标识线贴出前侧缝线（图23-9），修剪多余面料（保留1cm缝边）（图23-10）。

⑧做后片。把面料上的中心线对齐人台中心线，胸围线、腰围线分别对准人台的胸围线、腰围线，方法类似前片。

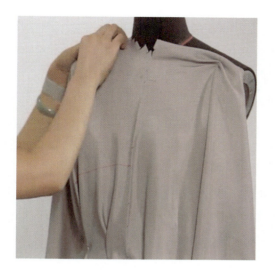

图23-7　整理前片

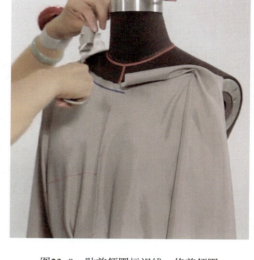

图23-8　贴前领圈标识线、修剪领圈

图23-9　侧缝贴标识线

图23-10　修剪侧缝

⑨对齐前领圈，贴好后领圈线（图23-11），并修剪（图23-12）。

⑩依次沿人台的后腰围线做好三个褶裥，方法同前片（图23-13）。

⑪对齐前侧缝线贴出后侧缝线（图23-14），修剪后侧缝（图23-15）。

⑫整理好后片及其褶裥、领圈等部位（图23-16）。

⑬抓合肩缝（图23-17）。

⑭用记号笔沿着腰节线，把前后片腰部褶裥的位置做好标记。因为褶裥有重叠，所以每一个褶裥都需要用两种不同颜色的记号笔，标记该褶裥两侧的位置（图23-18）。

⑮用记号笔沿着肩缝抓合的位置画出肩缝线。

⑯下摆画水平线。如果有水平仪可以用水平仪，也可以用尺固定好与地面的距离，用记号笔在布上做好记号（图23-19）。

图23-11　贴后领标识线

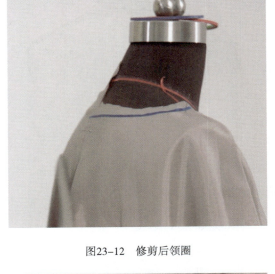

图23-12　修剪后领圈

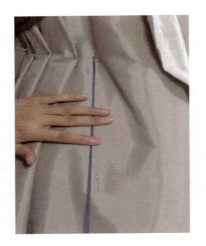

图23-13　后腰褶裥

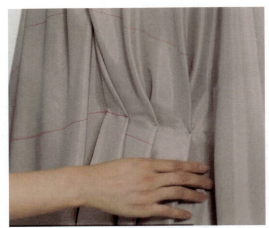

图23-14　贴后侧缝标识线

图23-15　修剪后侧缝

图23-16　整理后片

图23-17　抓合肩缝

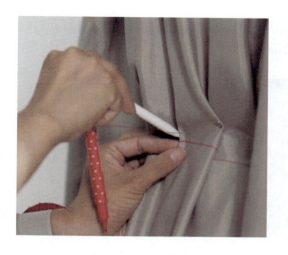

图23-18 用记号笔画褶裥位置

图23-19 下摆画水平线

⑰沿水平线用剪刀修剪下摆（图23-20）。

图23-20 修剪下摆

23.4 连衣裙立裁后拓纸样
①取下立体裁剪的布片拓纸样。
②将立裁布料的中心线和纸的直边对齐（图23-21）。

图23-21 立裁布料的中心线和纸的直边对齐

③拓前片。用笔描出前片的轮廓，用滚轮描出领圈弧线，褶裥位置可以用锥子扎穿布料取点，把以上的线条都用笔画好。从颈侧点量袖长32cm，袖口尺寸为27cm（图23-22）。

图23-22　拓纸样、画袖长、袖口

④面料的经纱向线：前中线是斜纱，所以纱向线和前中心成45°角。

⑤属性文字：在纱向线上写好裁片名称、裁片数量等。

⑥纸样的缝边：前中心连折不需要缝边；领圈放0.6cm缝边；肩缝放1cm缝边；袖口用密拷机处理，所以不要加缝边；袖底放1cm缝边；侧缝放1cm缝边；下摆也用密拷机处理，所以不要加缝边（图23-23）。

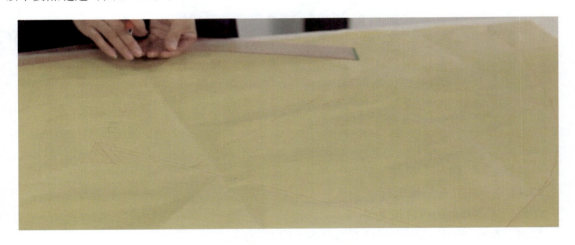

图23-23　纸样的纱向、属性文字、缝边

⑦拓纸样的后片。方法与前片相同。注意袖长袖口要与前片匹配。侧缝长度要一致。

⑧检查、核对、调整前后片的样板，完成连衣裙的纸样设计制作。

任务24 连衣裙缝制工艺

【任务内容】
连衣裙缝制工艺

连衣裙缝制工艺

【任务目标】
1. 学会制作连衣裙
2. 编制连衣裙制作工艺流程图

24.1 任务导入——制作准备
准备连衣裙制作需要用到的材料：面料、隐齿拉链、消色笔、剪刀、缝纫线等。

24.2 裁剪
①将面料正面相对，沿45°斜向对折铺平，将连衣裙样板按经纱方向放置排料。前片面料已提前数码印花。裁剪时，可以先用画粉画线，裁剪时需打好对位刀眼（图24-1）。

图24-1 排料、裁剪

②裁剪领圈内滚条布，斜料纱向，长65mm左右，宽2.4cm，对折烫平。
③裁剪一块包裹住拉链头的面料，长4cm、宽4.5cm（图24-2）。

图24-2 裁片和隐齿拉链

④点位。在裁片上用消色笔点好腰部的褶裥位置（图24-3）。

图24-3　点位

图24-4　缝褶裥

24.3　缝制

缝制前调节缝纫机针距：15针/3cm，底面线迹调匀。缝份按样板要求缝制。

①缝制褶裥。面料正面朝上，领圈朝着缝纫者。按点位折叠，在面料的反面缝制，点位上下各1cm缝制，开头结束要倒回针。前后褶裥的缝制方法类似（图24-4）。

②装拉链。前后片的左侧缝用三线锁边机锁边（图24-5）。前后片左侧缝刀眼对齐，按1cm缝边车缝，留出装拉链的位置（图24-6），换单边压脚（图24-7），缝隐齿拉链，拉链正面和面料正面相对，压脚紧贴拉链齿缝制（图24-8），拉好拉链，点出拉链的对位点，防止拉链装完后左右面料不齐（图24-9），缝另外半根拉链（图24-10）。拉链缝制完毕后，要翻到正面检查缝制质量。拉链反面保留4cm长度，剪去多余的拉链（图24-11），用布车缝包光拉链头（图24-12）。

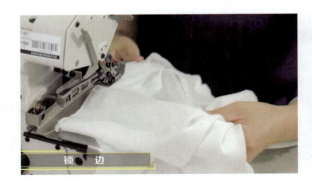

图24-5　左侧缝锁边

图24-6　左侧缝缝制留出拉链位置

图24-7　换单边压脚

图24-8　车缝隐齿拉链

图24-9　点拉链对位点

图24-10　车缝另一半隐齿拉链

图24-11　剪去多余拉链

图24-12　车缝包光拉链

③右侧缝、肩缝五线锁边机缝制。缝制时前片在上、后片在下（图24-13）。

④缝领圈内滚条。2.4cm斜条对折烫好成1.2cm，从左肩缝开始缝制（图24-14）。

⑤滚条向领圈内翻折，压0.15cm单止口线（图24-15）。

⑥熨烫：侧缝、肩缝倒向后片烫平，领圈烫平（图24-16）。

图24-13　五线锁边机车缝右侧缝、肩缝

图24-14　车缝领圈内滚条

图24-15　内滚条压单止口线

图24-16　熨烫

⑦把连衣裙穿到人台上检查下摆是否圆顺（图24-17）。

⑧袖口、下摆用密拷机密拷（图24-18）。

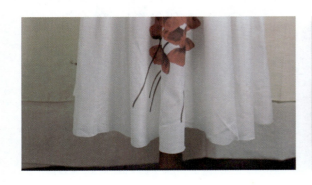

图24-17　检查连衣裙下摆

图24-18　袖口、下摆密拷

⑨整烫：做最后的整烫整理。

⑩模特成衣展示（图24-19）。

图24-19　成衣展示

思考与练习

1. 请说说连衣裙设计中运用了哪些设计思维方法？
2. 请说说数码印花技术适用于什么样的图案设计？
3. 根据品牌企划案设计10款连衣裙，并选择相应的软件绘制2款效果图。
4. 根据设计制作一款连衣裙。

项目五　大衣设计与制作

任务25　分析大衣的款式和分类

【任务内容】

1. 大衣的款式特征及历史渊源
2. 大衣的分类方法和表现形式

【任务目标】

1. 掌握多种设计技法将传统的大衣元素转化为现代流行时尚的能力
2. 认识不同款式大衣的时代背景以及服装细节的处理方式

25.1　任务导入

　　在许多热映的青春流行影视剧中，每逢秋冬季节发生的场景里，男女主人公穿着的各式各色的大衣，为人物形象的塑造起到重要的支撑作用，同时配合剧中人物的个性气质为剧情加分。通过这些服饰的演绎不仅增添了影像诗般美丽的画面，用秋冬季丰富的影像给缠绵哀愁的故事开展增添一笔浓浓的色彩，使作品的整体呈现更加完美的效果，让观众陷入审美意境中（图25-1）。

图25-1　秋冬季大衣

25.2　大衣的起源

大衣（Coat）也叫外套，指覆盖在礼服和套装之外，穿着在最外面的衣物及户外穿着的服装总称。在中国古代，称妇人的礼服为大衣。在清代把会客穿的长衣称为大衣，或者叫大衣服。现代风格样式的女装大衣出现的时间相对较晚，直到第二次世界大战时期，大衣的礼仪作用才显得更为突出，渐渐被视为身份的象征，成为出访必备的服装。到第二次世界大战结束前，作为正式的外出服，即便是夏天也一定要穿上大衣型的风衣。现代意义上的女装大衣，也是这个时期从男装大衣中借鉴过来的。当代的女大衣款式既有满足原来的目的——实用性的类型，又有随着女性社会交往的增多，重视其功能性和时装性的类型，成为时代特有的服装风格。

25.3　大衣的款式

大衣外套是一种既保暖又有装饰功能的服饰，是穿在身体最外面的衣服，风衣和雨衣都包括在内，一般衣长过臀。在众多大衣的款式中修身大衣具有较好的视觉塑身效果，就拿长款大衣来说，收腰的设计会让下半身显得修长，整个人显得神采奕奕。而那些富有品质感的女装大衣，配合不同的内搭和配饰，既可以穿出休闲运动的风格，也可以使穿着者散发出优雅自信的气质，很适合在正式场合中当作礼服来穿。大衣按照款式特征可分为以下六种。

（1）战壕大衣（Trench Coat）

军装是最具有代表性的功能性服装。战壕大衣是军装中功能性最具代表性的款式。在第一次世界大战的背景下，艰苦的战壕战是不可避免的，一旦遇到恶劣的风雨天气，英国陆军的军官战士们就会被折磨得苦不堪言。如果穿着雨衣，行军作战的灵活性势必会受到严重打击，要是不穿雨衣，湿透的衣物和模糊的视线又会使将士们士气低落，严重威胁士兵们的健康。出于爱国的热情，英国著名的衣料商博柏利（Burberry）经过上百次的反复研究实验，选用一种防风挡雨性良好的细密棉织物作为面料，终于在博柏利外套的基础上设计成了一种战壕用防水衣，所以被称为"战壕大衣"。

战壕大衣的款式多为前襟双排扣，在胸部与背部有独立的布片，右肩另外附加裁片。这种单设的肩搭布一般都设在右边，与男装的左格门形成一个完整的重叠，为了延缓雨水渗入的时间，后披肩的设计采用悬空状态，经过时间证明，此举非常有效，具有防雨防风和耐脏等实用功能。战壕大衣配以固定武器的肩襻，再加上出于防风保暖考虑而设计的领袢、袖带和腰带，下摆较大，便于行动。这就是现代风衣的雏形，拥有无与伦比的仿生性和功能性。战后，这种大衣作为女装风靡一时，成为时尚坐标。它更是跟随时装的发展，进化出了丰富的款式，束腰款、H型直筒款、连帽款等。衣身、领子、袖子、口袋等处的分割线变得更加复杂，出现了多种风格（图25-2）。

图25-2　战壕大衣

图25-3　海军呢大衣

（2）海军呢大衣（Peacoat）

Peacoat中的"pea"源于古英语中的"pee"，指一种从18世纪开始就被水手们当作冬天制服来穿的粗羊毛呢短大衣，所以海军呢大衣又被称为"水手外套"。据说年轻的水手们在初登船的一段时间里都会饱受晕船折磨，脸色发青（Pea green），所以这种水手外套就索性被称为Peacoat。现如今，"水手外套"则泛指一种双排扣，深蓝色戗驳领的短大衣。男女皆可穿着，造型感极强，是初秋季节展现英伦风格不可或缺的时尚单品（图25-3）。

（3）达夫尔大衣（Duffle Coat）

有些款式在岁月里淡去，有些款式在岁月里成为经典。历经三百多年的经典休闲大衣款式"达夫尔"，以醇厚的历史韵味，独一无二的造型元素，在现代的英国式潮流中成为新的时尚。这款粗呢大衣带有连身或可拆卸的风帽，因为多用牛角或者羊角做扣所以又被称为"牛角扣大衣""羊角扣大衣"。Duffle是比利时的一条小街，它是一个生产渔夫防寒用的厚重毛织物的地方。这种大衣最初是作为渔夫们的冬季外套而出现的，牛角扣则是为了方便带着厚重手套劳作的渔夫穿脱而设计的。后来这种大衣被第一次世界大战时期的英国水兵当作作业服穿着而传遍整个欧洲（图25-4）。

（4）柴斯特菲尔德大衣（Chesterfield Coat）

18世纪40年代开始出现以英国柴斯特菲尔德伯爵的名字而命名的长大衣。这种大衣是一种有腰身的外套，以此为基础变通的外套属于礼服外套，它的基本形式是单排暗扣、戗驳领，与此相连接的翻领用黑色天鹅绒材料；外套颜色以深色为主；左胸有手巾袋，前身有左右对称的两个加袋盖的口袋；整体结构合体，衣长至膝关节以下；袖衩上设有三粒纽扣，常

图25-4　达夫尔大衣

图25-5　柴斯特菲尔德大衣

和燕尾服黑色套装搭配（图25-5），女版柴斯特菲尔德大衣多在腰部做收腰处理。

（5）派克大衣（Parka Coat）

派克大衣起源于因纽特人的传统服装。为了抵御寒冷的气候，因纽特人发明了以动物皮毛制成的连帽皮袄，帽子边缘处也会有一圈动物毛来保护脸部的温度免受严寒侵袭。这种衣服不仅可以防风雪，而且极其温暖舒适，便于因纽特人的打猎与户外工作。后来，这种防风防雪的大衣款式被美军所应用，并将这种防风雪的连帽大衣命名为"Parka"，也就是派克大衣。第二次世界大战结束后，派克大衣被英国MOD一族（Modern Cultures，又叫"摩斯族"）带到了时尚潮流的舞台，几乎每人都会有一件这样的连帽防风雪大衣，于是派克大衣从军装的实用主义转变成了时髦的流行款式，成为服饰必需品（图25-6）。

图25-6　派克大衣

（6）巴尔玛大衣（Balcollar Coat）

巴尔玛大衣在两百多年的发展历史中，永远都能够保持极尽简约的务实风格，同时又能随着潮流不断完善自己。这种"全天候万能外套"原来只不过是雨衣。19世纪初在英国被称为两用领大衣。伦敦近郊尼斯小镇的人们自1850年以来都穿着这种插肩袖雨衣。它的设计处处都体现着非凡的功能性：有防雨涂层的斜纹棉布、可关可敞开的衣领、暗门襟、加扣的斜插袋、插肩袖、领扣、袖袢、后开衩，这些都是为了防风雨而特别设计的。

20世纪初期的常春藤名校对巴尔玛大衣推崇不已，使之成为英伦风格的代表服饰之一。50年代则出现了全新采用苏格兰呢做成活里的款型，更增加了它的英伦味道，同时加强了它的适用范围和时间。巴尔玛大衣的颜色除了标准的驼色还有黑色和深蓝色，颜色代表着品级，一般深色的会被用来作为标准礼服（图25-7）。

图25-7　巴尔玛大衣

25.4　大衣的分类

大衣的分类可以根据长度、面料、用途等标准进行划分，明确大衣不同的分类方法和表现形式。

（1）按照长度分为三种：长度在膝盖以下，约占人体总高度$\frac{5}{8}$+7cm为长大衣；长度在膝盖或者膝盖略上，约占人体总高度$\frac{1}{2}$+10cm为中大衣；长度至臀围或臀围略下，约占人体总高度$\frac{1}{2}$为短大衣。

（2）按照轮廓造型大致分为以下几种：箱型、紧身大摆式、帐篷式、筒式等。

（3）按照服装面料分类：可细分为用厚呢料裁制而成的呢大衣；用动物毛皮制成的裘皮大衣；用棉布做面料和里料，中间絮棉的棉大衣；用皮革裁制而成的皮革大衣；用贡呢、马裤呢、巧克丁、华达呢等面料裁制的春秋大衣（又称夹大衣）；在两层衣料中间絮以羽绒的羽绒大衣。

（4）按照穿着场合可分为：参加礼仪活动穿着的礼服大衣；以御风寒为主的连帽风雪大衣；两面均可穿着，兼具御寒、防雨作用的两用大衣。

任务26　大衣设计与制作流程

【任务内容】

1. 主题企划案的梳理与解读
2. 掌握大衣设计与制作的整个流程

【任务目标】

1. 学生通过设计案例能够掌握系统的设计方法与设计原则
2. 熟练的运用各种技法将创意表达出来，形成完整的设计作品稿

大衣设计与
制作流程

26.1　任务导入

通过梳理近几年各大时装周的秀场可以发现，中国元素在诸多奢侈品服装品牌中的应用越来越多（图26-1）。当然，这其中的中国元素也不再单纯局限于以往的旗袍、青花瓷、龙纹等传统标志性元素，而是上升到开发与运用中国古老的民族技艺、门派思想等较为深奥的领域，与品牌形象惺惺相惜，相得益彰，在拉近与中国消费者距离的同时，能全方位塑造出品牌的新形象（图26-2）。所以，在接下来的设计任务中，剖析一个具有创新性且同时蕴涵中国古典元素的女士大衣的全过程。

快节奏的社会使得人们被生活中的压力所束缚而失去初衷的奋斗目标。每天都在行色匆匆的赶路，往往忽略身边随处可见的美好事物，过于惯性的满足现状，而放弃对优秀传统文化的继承与发扬。因此，此次设计项目主旨以传承民族文化为载入点，构建现代服饰的新标

图26-1　刺绣与现代图案的结合

图26-2　民族服饰的创新设计

准和新形式，对研究和探讨原创服装的开发与发展具有重要意义。在设计过程中力求将民族文化结合现代时装流行的特点，以创新的思维把大自然的美感在服装款式、色彩和图案等方面完整地呈现出来，整个系列作品委婉地展现出女性柔美和大自然无与伦比的美丽特征，绽放出女性的独特韵味。服装作品将在设计造型、面料、色彩搭配、图案、工艺和服装结构方面按不同的比例进行创新、组合、设计，可为现代服装设计中创新体系的模式提供有价值的参考。

26.2　大衣设计的流程

（1）主题企划案分析

主题企划案是品牌价值构造阶段的最原始而又最为关键的环节，它的核心价值在于快速确定服装品牌的总体设计原则并将品牌的战略构成结果付诸实施。服装企划中首先要根据下一季的流行趋势和市场热点策划出服装主题，可以从网络、书籍、市场等途径找出下一季的流行热点题材，可以从人文、社会、科技等角度寻求主题灵感，确立出企划的主题。只有正确分析最新的流行趋势信息、市场信息、竞争品牌信息以及消费者需求，提取其中适合品牌的内容，合理运用到服装企划的每个环节中去，才能使企划有条不紊地进行。设计是一门综合性学科，因此在设计中就要从多学科、多层次的交叉学习中吸取灵感，全方位、立体化、开放性地吸取多元式的精髓，而不是局限在某种程式下。在企划案的整个内容中涵盖了产品结构和风格，以及如何将不断变化的流行趋势与品牌的 DNA 结合，在保持品牌原有风格不变的情况下，进行品牌优化，做到产品设计体系的完美化在"东方华梦"的主题限定下，通过市场分析、消费需求、流行趋势等多个方面的综合考量，对品牌女装的设计体系构建做出一个衡量标尺，从而成为决定廓型及细部特征、色彩、面料等方面的设计指南，为后续的设计环节做好铺垫（图26-3）。

图26-3　企划案中的廓型解析

（2）设计构思的确定

设计师创作的作品必定会受其人文关怀和社会背景的渗透，而这种影响贯穿于设计的初始阶段和概念研发阶段的始终。文化则通过在展示框架中所扮演的角色，将其意义和用户连接起来。从亚历山大·麦昆（Alexander McQueen）的设计作品中可以看出，他骨髓里流淌着英伦文化的深邃与叛逆，在精致而又天马行空的作品中得到极致表现，充斥着无限可能的创意使其独步江湖（图26-4）。

图26-4　Alexander McQueen作品

在此款大衣设计过程中，"工匠精神"的主导思想始终贯穿，无论是廓型设计、细节、图案等各个环节都镌刻着设计师的本土文化的嫁接与碰撞。设计过程是时间连续和空间延续的一种思维活动，是知识获取和物化的过程，其新的思想和方法将有助于服装设计的多元创新理论的建构与实践。在设计灵感的进行中，全方位的架构体系是执行的重要标准，从各种领型的备选试验中，最终确定了青果领的使用，虽然看似非常简单的款式，实则倾注设计师的多次反复尝试，才达到体现时尚元素同时传播文化的双重价值。

（3）绘制效果图

服装效果图是运用视觉语言来描绘服装的内涵和外延，它是服务于服装设计的绘画形式，是设计师设计理念的表达方式，设计师通过服装效果图来表现模特穿着其设计服装的效果。从最初随性而画的大量设计草图中找到符合设计主题的有用元素，直到最后的设计完成稿，中间需要大量的重要环节来铺垫，包括效果图风格的确立、绘画技巧的掌控、绘制材料的运用、色彩关系的协调等多个环节，效果图的正确绘制，起到承上启下的重要作用，因此将最终的设计灵感转化为成衣是一个漫长的周期性过程（图26-5）。

作为一位优秀的服装设计师，必须具有一定高度的艺术鉴赏能力，唯有如此才能创作出高水准的设计作品，设计出来的作品才能有内涵，让人赏心悦目，而不只是表面的华丽。服装效果图不仅能通过手绘的方法来表现设计构思，也能通过其他艺术形式来表现。目前，随着科学技术的发展，各种绘图软件成为服装设计师的得力助手，例如现在常用的服装绘图软件有 Photoshop CS、CorelDRAW、Adobe Illustrator、服装 CAD 等，这些软件具有不同的特殊性，是绘制效果图和款式图必备的工具。

（4）大衣的结构设计

大衣廓型的每一次变化都是在美的基础上通过款式结构的创新来表现的，所以说一件完美的设计作品不仅需要审美因素的支撑，更需要通过款式结构设计来将其展示出来。将

图26-5　大衣效果图

大衣廓型的审美因素与款式结构设计相融合，不仅可以丰富女大衣的廓型设计，还会赋予大衣廓型全新的审美风貌。

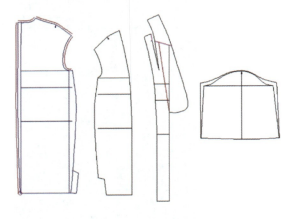

图26-6 大衣结构图

大衣廓型的技术因素属于制作工艺的技术性表现，它是服装从构思设计到成品的一个必要环节，也是影响服装造型的重要因素之一。一件女大衣从平面图纸到三维造型形态的制作过程：首先是设计者根据穿着对象和流行进行预测，设计出女大衣廓型及内部结构线，其次选择能实现设计效果穿着要求的服装面料，按照制图的规格尺寸进行制板，再根据实物纸样进行裁剪和加工，最终形成和设计要求相吻合的成品（图26-6）。

（5）大衣的制作工艺

每一件赏心悦目的服装作品，是设计审美、款式结构、制作工艺之间的融合，需要设计师们对服装廓型美感有着精准的掌握，并且对其内部的款式结构设计和严谨的工艺流程有着深入的理解，这是一个复杂的系统工程，有着诸多环节的配合。基于女装对于潮流趋势周期性的变短，层出不穷的廓型款式设计丰富了女大衣的艺术美感。通过女大衣廓型的深入分析，可以对支撑廓型的工艺制作流程起到重要的指导作用。

由于此次设计作品以双层毛呢面料为主，首先应对这种面料特征深入了解。精纺双层大衣呢对外观和手感要求的特殊性，使得该产品从纺纱、织造到后整理工艺都与普通精纺毛织物有很大的差异。围绕这一差异，设计和生产中采取了相应的工艺技术和质量措施。为了使设计的女式大衣更加符合人体的舒适度，可以通过对测量、打板、车缝、熨烫等工艺手段提高女大衣的机能性。在工艺制作中，操作技术是非常重要和复杂的，必须按照不同的款式要求选用不同的服装面料，对打制的样板进行科学细致地排板、裁片、缝合，技术的熟练直接影响作品的完美程度，进而影响女大衣廓型是否具有美感（图26-7）。

（6）装饰工艺表现技法

创立于20世纪初的乱针绣，由江苏常州武进的杨守玉先生首创。乱针绣与传统刺绣截

图26-7 制作工艺

然迥异，它突破了传统刺绣"密接其针，排比其线"的平面绣法，其针法纵横交织，灵活多变，以各色丝线累次错综掺和，成品色彩层次丰富，有强烈的立体感。乱针绣的出现，是对我国几千年传统刺绣的重大突破，在改革传统刺绣技法的基础上，使之与西画的笔触与技法相结合。绣者用长短粗细的线条、丰富多变的针法、浓淡疏密的变化来实现物象的造型和结构关系，以情运针，以线表意，达到心手相应。绣者运针速度之快，好似两只手在高频地挥舞，将心灵感受表现于作品中，使作品的视觉效果乱得有规则、有情理，在"乱"中求得整体的统一与活泼的变化，在局部的乱中显示出整体的清晰效果，每一幅绣品都是独特且不可重复的，极大地丰富了绣品的表现力与质感，成为近代中国刺绣史上的一大革新。在此次的设计运用中，将本土优秀文化资源与现代时尚完美融合，成为该系列服装的创新点（图26-8）。

图26-8　乱针绣装饰工艺

　　以上就是此次设计任务的全过程，通过各个环节的学习与观察，可以获悉看似很简单的一款衣服，实际上经历了很多环节的密切配合。服装是人类物质文明的产物，是实用性与艺术性相结合的一种艺术形式。事实上，服装设计不仅是对产品的设计，更重要的是对艺术创意的表达，艺术设计已经成为现代社会行为的重要组成部分。因此，在这种大环境下，服装的创新设计就显得格外重要。为了获取更多的服装创意方法，设计师除了对过去服装样式的不断挖掘与创新以外，还应增加服装与各门类艺术设计的彼此借鉴及相互激发，从而为服装设计提供更为广阔的途径。在服装设计与制作的每个环节中，大到整个廓型的绘制，小到每一条缝缉线，都是经过设计师的深思熟虑，想要达到"上仙"的境界，一定要经过重重磨炼，方能幻化成蝶，自由驰骋在时尚江湖。

任务27　大衣款式、图案、色彩设计

【任务内容】
1. 了解翻驳领的分类和结构特征
2. 掌握图案和色彩的设计方法

大衣款式图案色彩
设计

【任务目标】
1. 通过案例了解款式的设计规律
2. 掌握服饰色彩与成衣流行的关系

27.1　任务导入

提到大衣，意大利著名品牌麦丝玛拉（Max Mara）不容小觑，这个诞生于1951年的时装品牌，创办人推出第一个时装系列就是以一件驼色大衣开始崭露头角，发展至今，已成功建立了辉煌的时装王国。从Max Mara品牌的历史发展进程中可以获悉，该品牌的大衣产品市场认可度如此之高，能够受到消费者的极力追捧，这不仅仅是品牌运作的功劳，更重要的则是来自于市场价值的积累、对品牌形象的维护以及对产品设计的无限执着与钻研，也是对"一辈子做好一件事情"的最好诠释（图27–1）。

图27–1　Max Mara服装作品

在以后的设计任务中，希望以Max Mara品牌的事例为参考对象，可以从该品牌的服装风格、流行元素、设计细节等方面进行有序借鉴，在保持自己的优势产品的同时，不断汲取国际品牌的优秀因子，并将其融入自己的设计产品，从而使自己的服装品质不断优化，让设计出的产品更加专业化、品牌化，启发全新的设计构建体系。

　　服装作为彰显文明动力外在体现的重要载体，横跨古今、纵贯东西，可以说，服装是无国界而多元化的实用性艺术品。无论是经过历史洗礼保留下来的珍贵遗产，还是各种学术运动的流风遗迹，都是弥足珍贵的设计之源。大衣在琳琅满目的服装品类中，一直以独特文化的人文情怀和时尚感染力而占据着整个漫长的秋冬季节，成为展现女性气质的优势单品。时至今日，大衣依然活跃在女性的时装舞台之上，演绎着属于各自的精彩（图27-2～图27-5）。

图27-2　马吉拉时装屋　　　图27-3　华伦天奴　　　图27-4　纪梵希　　　图27-5　阿尔伯特·菲
（Maison Margiela）　　　（Valentino）　　　（Givenchy）　　　尔蒂（Alberta Ferretti）

27.2　任务实施——大衣设计

　　下面将在2018春夏企划方案主题"东方华梦"的主旨引导下，对大衣设计的整个过程展开系统化的阐述与实践。

　　（1）廓型设计

　　服装廓型是指服装的外部造型在静态下的剪影，体现服装风格和款式特点。服装廓型的设计是服装设计的重中之重，通过设计服装廓型不仅能够直接展示服装的风格，也能表现出服装造型创意最为突出之处。纵观20世纪的服装，服装廓型的更迭都伴随着年代的转换，不同的服装廓型反映了不同年代的文化流行趋势、审美理想和人体审美部位的变化，也间接地反映了当时社会经济、科技等发展状况。

　　在长期的服装设计实践基础上，服装廓型可概括为A型、H型、O型、T型、X型、S型、人鱼型、花冠型、仿锥型、自然线型等，其中又以A型、H型、X型、T型等几种最为普遍。这些廓型大多数是以服装的正面形状来划分的，主要考虑了服装肩部、胸部、腰部、臀部以及下摆之间的比例大小（图27-6～图27-9）。

　　在开展设计任务的初始阶段，对于服装所呈现出的视觉风貌大多是以廓型的变化进行描述的，每一个服装廓型的演变其背后都有着深刻的含义，它们的存在都暗藏着社会背景与时尚审美的期盼。克里斯汀·迪奥（Christian Dior）在1947年发布了生平第一个服装系列，开

图27-6　A型

图27-7　H型

图27-8　O型

图27-9　T型

图27-10　New Look

启新风貌（New Look）风潮，带来离经叛道却又耳目一新的面貌，它以优雅高贵的曲线迎合了战后人们对美好生活的精神诉求，成为引导时尚的先锋（图27-10）。

在设计任务中，大衣廓型的设计原则在于将中国传统文化元素微妙解构，而重塑全新的视觉观感，它的根源则在于对时尚文化的一种把握。中国风是以中国元素为表现形式，以中国文化为基础的一种艺术表达模式。在张节末《禅宗美学》中提及，"这是一种极其细巧精致、空灵活泛和微妙无穷的精神享受。它重新塑造了中国人的审美经验，使之变得极度的心灵化。"

此次服装廓型主要以汉服为设计灵感，意在体现对传统文化的传承之心，秉承工匠精神不忘初心的价值体现，对民族优秀文化的可持续设计起到重要的引领作用。汉服饰总体的风格特征是以清淡平易为主，讲究天人合一的境界，体现了汉民族柔静安逸、娴雅超脱、泰然自若的民族性格，以及平淡自然、含蓄委婉、典雅清新的审美情趣。在服装廓型方面采用了追求随性舒适的H型，在结构部分衣片也相应采用规则的几何图形，运用朴素的东方裁剪方式，旨在体现设计的功能性，将"意"与"象"交相互融，浑然一体（图27-11）。

（2）款式设计

服装款式设计主要指服装的内部结构，包括服装的领、袖、门襟、肩、省道等局部细

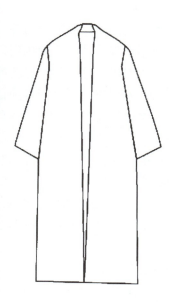

图27-11　服装廓型设计

节部位的造型设计。服装廓型与款式既相互制约，又相辅相成，服装款式变化可以支撑、丰富服装的外部廓型，而服装外部廓型的变化又制约着服装款式的变化。设计师的设计能力和对流行信息的掌控程度可以直接通过服装内部款式的设计展现，款式设计能够给服装设计师以无限的想象空间和较为广阔的自由发挥空间，设计师从服装的细节和局部设计上寻找突破点，给服装增色，使设计作品具有独特的品位。

①领型设计：

脸部是人的视觉中心点，它处在视觉范围最敏感的部位，而领子则起到重要的衬托作用，它的外形是否美观合体、结构是否合理等往往会受到特别的关注，有着不可忽视的作用。

在衣领设计环节，主要采用了案例分析法。结合服装理论与实践的知识，从社会人文关怀下的艺术和技术角度出发，以翻驳领的各种经典作品为素材案例，进行具体解读、深度剖析。取材于翻驳领的代表服装作品是最有利的说服武器，包含了很多复杂的因素，任何一个细节之处都有可能发掘出大为受用的闪光点，虽然成功的案例不可以复制，但是规律是可重复的，只有敢于灵活的运用前人的优秀元素，才能使设计作品中存在着历史积淀，从而获得更加柔性的人文情怀（图27-12、图27-13）。

图27-12　翻驳领作品　　　图27-13　青果领作品

经过设计团队的综合衡量最终确定以青果领作为此次大衣领型的设计元素。青果领作为众多领型中的一种，它是整体服装中的一个部件，却对其风格走向有着举足轻重的影响。经过漫长的发展，它不仅仅是功能性的作用，而是越来越多地被赋予美的内涵。它不断发挥着自己特有的魅力，同时吸收当下时尚界新的元素进行变化超越，领座高度、领面及驳头的宽度、形状、领角形状及驳点高低等因素都是决定着青果领设计的重要内容，只有正确把握和处理这些个体元素之间的关系，才能获得美的视觉享受（图27-14）。

②分割线设计：

结构分割线在服装造型中具有非常重要的装饰功能和实用功能，对于不同体型的修正美化起到了修饰作用，从而强调人体曲线的顺畅自然。将分割线置于人体结构中的关键位置，力求达到塑形与装饰的统一，让整体服装造型更具立体效果。在此次服装作品中主要采用了水平分割线的设计手法，水平分割具有加强空间宽度与广度的作用，常给人以委婉、平衡、协调的印象美（图27-15）。

③侧缝线设计：

根据服装的款式风格，设计出最适合表达服装特征的侧缝线，这就要求在把握廓型的基础上，考虑相关分片、省道、工艺等一系列因素，通过一定的方法，确定出既符合美学，又符合服装结构的侧缝线。在作品中主要以侧开衩为主要设计元素，增加了服装的舒适度和品质感，同时前短后长的衣片设计具有较强的流行时尚度（图27-16）。

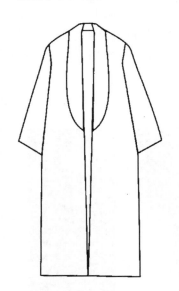 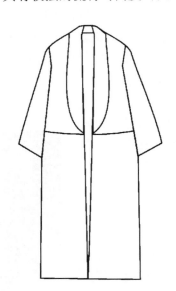 

图27-14　青果领型设计　　　　图27-15　分割线设计　　　　图27-16　侧缝线设计

（3）色彩设计

色彩是人类视觉感知的第一要素，也是社会演进所决定的流行生活方式的镜像，更是促进服装品牌化运作、消费者与产品情感交流以及服装产业可持续发展的主推力。色彩不仅具有多变的流行性，还拥有浓厚的历史性、文化性以及民俗性。

服装的设计开发与服装的色彩具有密不可分的联系。设计师对服装色彩的选择不仅蕴含了对美学、心理学、传统文化的理解，也体现了对生活的一种感悟。对消费者而言，服装的色彩不仅能够提高服装的视觉性、审美性、功能性，还能充分彰显穿着者的心理与个性气质。

20世纪前半期，爱德华·布洛的"心理距离说"在西方美学界具有极大的影响力。心理距离是指美感的发生来自于人们对艺术品的观赏所产生的心理效应，而此效应就是生发于心理距离的根源。在审美距离中，黑色具有一定的距离感，它的存在价值在于独立自主且凌驾于其他颜色之上，从而适应审美主体的直觉体验和意象表现。川久保玲说："黑色是舒服的、力量的和富于表情的，我总是对拥有黑色感到很舒服（图27-17、图27-18）。"

图27-17 川久保玲 （Comme des Garcons）　　图27-18 圣罗兰 （Saint Laurent）

此次设计围绕主题风格和流行趋势展开色彩设计工作，在了解品牌理念、目标消费群特征、主题含义之后，搜集能反映限定主题的配色设计因素。面对色彩与色彩，色彩与材质、图案、细节，色彩与品牌风格、流行趋势之间的复杂关系，最终我们将颜色限定为黑色。在色彩学上，黑色是明度最低的颜色，属于无彩色，又称之为中性色。从哲学意义上来讲，"无"等同于"空"。空灵和充实是艺术精神的两元，空明的觉心，容纳着万境，黑色装载着无限空间，也容纳着所有未知。大衣主体色调为黑色系，而选取鹤望兰的图案色彩中有天蓝色、橙色、蓝绿色等多种高彩度之色，黑色将几种颜色衬托得更为纯粹，形成良好的矛盾关系（图27-19）。

（4）图案设计

花文化以一种特殊的艺术形式存在于传统文化之中，它是具有中国特色的文化品格。对于中国人来讲，欣赏花不仅要欣赏它外在形象中丰富的色彩、妖娆的姿态，更要欣赏中国文化赋予各种花卉的人格寓意和精神力量。图案是一种具有装饰性和实用性的美术形式，而以花卉为表现内容的图案是一种在传统工艺美术中深受欢迎的设计题材，花卉通过转喻、谐音等比附的手法再结合其他题材，构成具有吉祥意味的装饰纹样，深受普通民众的喜爱。花卉图案以其特有的装饰性、文化性、民族性，在传统服装中被广为采用。中国传统花卉图案拥有多样的造型、丰富的吉祥寓意和深厚的文化内涵，再加上我国古老而精湛的服饰制作工艺，如，织、染、绣、缝等，使我国传统服装如同一朵瑰丽的奇葩在服装历史舞台上熠熠生辉。

鹤望兰，原产于南非，又被称为天堂鸟之花，大概从这诗一般的名字中，就可以想象到它的端庄和典雅之美。在此次图案的设计素材收集中，从代表东方精神的龙凤呈祥，到绘画大师的经典代表作，再到后现代主义绘画派，经过多次资料的探讨与梳理，锁定了偶然遇见的充满简单意味却又无限风情的鹤望兰。鹤望兰的花蕊呈天蓝色，围在花蕊周围的花萼却是艳丽的橙黄色，而托在底部的包片又是镶有紫色花边的蓝绿色，骄傲地绽放在浓郁挺拔的绿

图27-19　色彩设计（Saint Laurent）

图27-20　鹤望兰饰品设计

叶中，颇有仙鹤昂首遥望之姿，这也正蕴含着古老民族对未来永恒的隽永期待。鹤望兰虽然算不上名贵花种，但是在时尚纵横的江湖风雨中占有一席之地，无论是在广告宣传照中以道具的形式出现，还是以珠宝首饰的形态出现（图27-20），又或是面料印花等，都印证了她本身所具有的独特魅力，而在本次的图案设计中，以乱针绣的技艺手法实现，仍属于创新性的尝试且具有较好的原创精神。

此次图案的设计方法主要采用象形法。象形法是指把现实形态的基本造型做符合设计对象的变化后得到新造型的方法，简单地说就是模仿，它在服装作品中的应用主要分为写实性模仿、简洁性提炼和任意性变形三种形式。在图案设计中，保证其形的基础上进行概括和简化，突出鹤望兰"神"的传递；色彩方面，为了将色与形进行更好的衔接，进行了明度的调和，以加强服装色彩的层次感，同时结合高超的乱针绣技艺，增添了作品的民族性和审美价值（图27-21）。

图27-21　鹤望兰图案

好的服装设计作品本身是没有固定标准的，但是，没有思想内涵的设计不能算是好的作品，因为它没有灵魂的存在，不能打动消费者。消费者只有读懂作品的意境与文化的故事，色彩与图案的对接，质感与材料的交融，廓型与结构的组合，才能称得上是将艺术创意与市场需求紧密结合的成功作品（图27-22）。

27.3　文化拓展——翻驳领

时尚风云变幻转瞬即逝，唯有经典可以永存。在众多服装领型中，翻驳领是最基本、最经典、结构设计最复杂的一种领型，其广泛运用于各类服装中，是服装上至关重要的组成部分，它的外形是否美观，结构设计是否合理等因素往往会受到特别的关注，成为设计师作品中惯用的设计元素。

翻驳领在设计作品中一直发生变化，以形态各异的面料、色彩、廓型及细节设计出现在服装时尚舞台上，同样的元素在不同的设计师服装中呈现出别样的风采。为满足丰富多彩的多元化社会需求，翻驳领正朝着各种方向不断更新发展，使得许多色彩、图案、面料、外形变化在其中，再加上细节上精益求精的探索，使得翻驳领拥有了更多无限设计的可能。

翻驳领以西装领为基础，由底领、翻领、驳头、串口、止点五个制图结构部分组成。底领、翻领、驳头是其三个主要组成部分（图27-23）。

翻驳领根据其外形可以分为三大类：平驳领、戗驳领、青果领。平驳领常用于男女西装，整体稳重；戗驳领在早期主要用于男西装中，现在女装中也有使用，比

图27-22　成衣作品

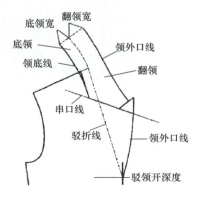

图27-23　翻驳领的组成

较符合年轻人的审美，它既有平驳领的稳重，外形上又精致优雅；青果领，由于其外形与青果相似，被称为青果领，最初是在男装中运用，现在主要用于女式服装中（图27-24～图27-26）。

图27-24　平驳领

图27-25　戗驳领

图27-26　青果领

任务28　大衣面料选购

【任务内容】

1. 毛呢面料的分类以及风格特征
2. 面料在女装设计中的重要性

【任务目标】

1. 针对不同品类的服装进行面料的选择和搭配
2. 市场调研与品牌产品定位的重要性

大衣面料选购

28.1　任务导入

在欣赏每年各大品牌服装秀时，我们总会心旷神怡地沐浴在靓影婆娑的场景中，沉醉于设计师们带来的无与伦比的一件件华服，感叹于细节之处所呈现出来厚积薄发的心灵震撼。作为服装行业人员所看到的不仅仅是款式的时尚性、图案的多样性以及色彩的流行性，更重要的则是应该从这些服装作品中学会理性的剖析作品的内涵以及支撑起这些内涵的关键因素，从而具备全面而理性衡量一件作品的眼界和方法（图28-1～图28-3）。

面料在设计作品中究竟处于一个什么样的地位呢？是否可以说，只要款式新颖能够吸引眼球，就能够在激烈的市场中长久立足，可以迎合消费者的需求，满足品牌的战略性竞争？

图28-1　浪凡（Lanvin）

图28-2　瑞克·欧文斯
（Rick Owens）

图28-3　玛尼（Marni）

在服装设计的体系组合中，除了考虑服装款式、设计趋势、流行周期等因素外，面料本身的市场价值成为品牌提升的武器，也正是因为面料本身作为重要的物质载体所引发的文化输出，组合成品牌价值的核心部分，没有面料何以谈设计？正可谓"皮之不存，毛将焉附"。这恰恰也正是在校服装专业学生所缺乏的一点认知，只注重对款式的创新设计，忽略对面料与款式、细节、图案之间的关联度，所以在最后呈现的作品中，不能很完整地将最初的设计理念完美表达出来，给作品留下了些许遗憾。

28.2 前期与品牌设计总监沟通

对面料流行趋势的预测会直接影响到新一季度的服装产品能否符合时尚潮流，满足目标客群需求。面料的结构会影响到品牌的风格，流行程度，季节的合适性以及投入与产出所带来的经济效益。考察一个品牌是否成功，并不能只关注单独某一块面料的贡献，而应该是面料之间是否可以互相配搭；其次就是要考虑面料的实用性和功能性，考查其是否能够满足某种场合，如果是在特殊环境穿着，还要考查其是否有适当的功能性以及结构的合理性。

针对此次"东方华梦"的主题设计，需要选择什么样的面料来表现设计任务呢？是否会选用类似绸缎、棉料、针织面料等材质完成成衣作品呢？

在与品牌设计总监沟通交流过程中，由于考虑到品牌的秋冬服装的价格会有较大幅度的提高，为了在新的一轮市场差异性竞争中赢得消费者的高度认可和刺激消费者的购买能力，毛呢面料会成为主要的参考选择方向，但是必须要区别于以往传统单一的毛呢面料，否则市场价格会与成衣产品产生较大的误差，让消费者觉得性价比不高，有华而不实的感觉。

28.3 面料市场调研

服装设计是一门综合性的艺术体现，它不仅要体现服装的材质、款式、色彩、结构和制作工艺等多方面结合的整体美，还要考虑服装受市场因素、流行因素、技术因素等综合因素的影响。基于此种任务驱动，这就要求设计者能够理解市场行情并具有扎实的专业设计能力，这不仅能帮助设计者了解市场需求，更缩短了与市场接触的磨合期，更加能够迅速捕捉到有效信息。

服装是一个与时尚文化息息相关的产业，因为时尚文化的周期性非常短，进而时效性是服装行业的一个重要特征。如何了解时尚、定位服装风格是服装设计的重中之重。而服装市场调研的主要目的便是掌握市场需求，快速反应时尚动态，通过这种形式及时地吸收优秀元素为品牌服务。

在通过调研国内的浙江柯桥、上海世贸商城等几大面料市场可获悉，目前市场上毛呢类服装中较少出现不同材质的拼接，多数都是同一款面料用于整身服装，大致可分为百分百羊毛或毛与化纤混纺面料，这与近几年服装中多出现的使用不同材质的拼接设计相比略显滞后，究其原因在于毛呢面料本身呢面丰满、毛羽较多，与其他材质例如皮革、棉、化纤等搭配使用时往往整体不和谐，面料的厚薄、光泽度的不同都给拼接设计造成了困难。

通过长时间的市场调研得知，目前面料行业为了适应市场需求，产品正在向着"小批量、多品种、个性化、快变化"的方向发展，显然品种单一的传统精纺毛织物，已无法满足市场的需求。据市场调研信息可知：近年来双层组织织物是制作各类中高档休闲服饰和职业套装的理想面料，该产品技术含量高、档次高、附加值大，有很大的市场潜力。

市场上常见毛呢面料的分类与特点：

（1）华达呢

华达呢是精纺呢绒的重要品种之一。其风格特点是：呢面光洁平整，不起毛，纹路清楚挺直，纱线条干均匀，手感滑糯，丰满活络，身骨弹性好，坚固耐磨。光泽自然柔和，无极光，显得较为庄严（图28-4）。

（2）哔叽

哔叽是精纺呢绒的传统品种，是用精梳毛纱织制的一种素色斜纹毛织物。呢面光洁平整，纹路清晰，质地较厚而软，紧密适中，悬垂性好，以藏青色和黑色为多。适用作学生服、军服和男女套装。服料风格特点：色光柔和，身骨弹性好，坚牢耐穿（图28-5）。

（3）花呢

花呢是精纺呢绒中品种花色最多、组织最丰富的产品。利用各种精梳的彩色纱线、花色捻线、嵌线做经纬纱，并运用平纹、斜纹、变斜等组织的变化和组合，能使呢面呈现各种条、格、小提花及颜色隐条效果（图28-6）。如按其重量可分薄型、中厚型、厚型花呢三种：

①薄型花呢的织物重量一般在280g/m²以下，常用平纹组织织造。手感滑糯又轻薄，弹性身骨好，花型美观大方，颜色艳而不俗，气质高雅。

②中厚花呢的织物重量一般在285~434g/m²，有光面和毛面之分。特点是呢面光泽自然柔和，色泽丰富，鲜艳纯正，手感光滑丰厚，身骨活络有弹性。适于制作西装、套装。

③厚花呢的织物重量一般在434g/m²以上，有素色厚花呢，也有混色厚花呢等。特点是质地结实丰厚，身骨弹性好，呢面清晰，适于制作秋、冬季各种长短大衣等。

（4）凡立丁

凡立丁又名薄毛呢，其风格特点为：呢面经直纬平，色泽鲜艳匀净，光泽自然柔和，手感滑、挺、爽，活络富有弹性，具有抗皱性，纱线条干均匀，透气性能好，适于制作各类夏季套装等。

图28-4 华达呢

图28-5 哔叽

图28-6 花呢

（5）贡丝锦、驼丝锦

贡丝锦、驼丝锦是理想的高档职业装面料，其风格特点为：呢面光洁细腻，手感滑挺，光泽自然柔和，结构紧密无毛羽。

精纺毛织品还包括：派力司、啥味呢、马裤呢、麦尔登、法兰绒、大衣呢等。

28.4　任务实施

①根据前期沟通和市场调研的具体情况可以得知，确定毛呢面料为设计主要的选择方向，针对设计任务寻找最佳的面料进行服装制作，以确保面料的舒适度和可操控性。

毛呢面料是秋冬季节的服装中经常用到的一种材质，普通的毛呢面料通常用羊毛、兔毛、驼毛或是人造毛等制成的衣料，其中以羊毛产品居多。它的视觉风格挺括而典雅，具有硬挺的身骨，滑糯的手感及良好的保暖效果。正是由于毛呢面料具有这些特点，所以在很多品牌的秋冬装中运用相当广泛，已经不能很好地刺激起消费者地新鲜购买欲，或者只是由于客观需求才会去挑选购买，缺少极强的市场引导力（图28-7）。

②采购面料。在大衣设计任务实施中，上海合辉贸易有限公司给予鼎力支持。该公司专门从事研发高端面料，帮诸多知名品牌提供定制面料，在业界具有较高的声望。在公司的展厅中可以看到种类繁多的毛呢面料，能获取很多普通面料市场无法购买到的高级定制面料，开拓了项目的设计视野。最终所选择运用的面料，就是企业刚刚研发出来的双层毛呢面料，不仅保留原始毛呢的质感和观感，关键在于双层织物的毛呢面料满足了消费者追求独一无二的品质需求，在塑造品牌形象的构建过程中起到重要的宣传效应，全方位提升了服装品牌的形象质感（图28-8）。

图28-7　毛呢面料　　　　　　　　　　　图28-8　主讲教师与面料负责人交流

③实施面料再造，提升服装的品质感和独特性。对于此次面料的选择，在与品牌设计总监沟通中，双方意见达成一致，力求通过面料再造的手法完成服装品质的提升。快速发展的服装领域，每个设计师都追求独一无二的设计风格，以期立于不败之地。但是，产品同质化、优胜劣汰的市场竞争，过去片面强调造型选材的方法已逐渐失去市场，取而代之的是以面料形态变异来开创个性化的服装设计，由此可以看出现代服装设计的理念已与面料再造设计完全融合在一起。

在以上阐述中，将面料的创新性以及重要性进行全面剖析，希望在后续的设计任务中，

同学们能将设计目标与设计目的进行双向衡量，只有重视设计中的每一个环节，才能创作出
具有时尚流行趋势和市场认可的优秀作品，满足服装产业原创文化的升级价值。

28.5 文化拓展——面料再造

纵观当下服装的流行趋势，面料已然成为服装产业竞争的有力武器。面料再造作为服装
设计表现的重要形式，长期以来一直是不断变化的穿着时尚看点而广泛流行，而在近几年的
各种国际国内纺织面料、服装产品等展会上，都曾出现过许多具有独特"再造"效果的服装
面料和服饰产品，可见衣着时尚中的"面料再造"艺术与技艺的完美融合依然盛行不衰，越
发散发出独特的魅力。

现代服装设计中的"面料再造"及运用，其概念主要包含两个方面的内容，首先，从
设计表现形式的角度讲，"面料再造"是设计师按照自我审美或设计需要对服装材料进行创
新运用，赋予传统织物以新的面貌和内涵，进而提升面料的表现力，重塑面料的新形象；其
次，从技术加工层面上说，"面料再造"是设计师在现有的面料或纤维材料基础上，对面料
进行加工改造，即对面料进行熨褶、绗缝、镂空、机绣、贴布、勾针、编结等特殊工艺手法
加工，使其产生前所未有的视觉效果和别样的形式美感（图28-9）。

图28-9 现代服装中的面料再造

任务29　大衣面料再设计——乱针绣

【任务内容】

1. 了解乱针绣的历史渊源以及蕴含的艺术价值
2. 熟知乱针绣技艺的制作步骤

大衣装饰工艺
乱针绣

【任务目标】

1. 通过案例熟悉乱针绣技艺的表现技法
2. 掌握乱针绣技法在现代服饰中的设计准则

29.1　任务导入

每当在展览馆看到一幅幅美轮美奂的乱针绣作品（图29-1），脑海里总会浮现出吕凤子、杨守玉等一个个鲜活的面孔，犹如在诉说着浓郁民族情结的似水年华。

图29-1　乱针绣作品

在常州诸多的历史文化遗迹中，乱针绣就像一名默默守候的手工艺人，在如今这个物欲横流的年代里，体味着手作之美。在乱针绣的艺术作品中，有着制作者与制造物之间的情感流动，人情味和亲和力自然地融入到了那一针一线之间，这也正是现代工业流水线批量生产出的产品所不具有的工匠精神。作为新一代的服装设计工作者，更有责任沿着前人的脚步，在新的文化时代背景下，使乱针绣这门技艺得以长久的继承与发扬。

乱针绣在用色上也如绘画一样要遵循色彩服务于形体的原则，虽然针脚细密，但色彩层次分明。由于使用的材质主要为丝线或十字绣棉线等，给画面带来了特有的肌理感，画面显得高贵典雅、层次分明、变化丰富，并且绣线的光泽以及绣线在绣制时交叉的角度，让画面在不同的光源、不同视角的变化中都能呈现不同的视觉效果。

29.2　历史渊源

乱针绣是20世纪初由江苏常州武进杨守玉先生首创。她以针代笔墨，以线为丹青，把西洋画理与刺绣融合一体，独创的一种乱中有律的刺绣方法。可以说，这"乱"看似杂乱无序，实则是有规律可循的乱，这是一种按照一定组织、一定针法进行的无定法的运针，其目的诉求归宗于"无形胜有形"的缔造者的工匠梦想。

乱针绣来源于苏绣，但又大大超越了苏绣，而自成一格，其技法一改以往那种"密接其针，排比其线"的平面绣法，借鉴油画的色彩和素描的衬影法，以画理和绣理结合，针脚纵横交叉，分层加色，绣面深厚，取得了色彩丰富、层次繁多、立体感强的艺术效果，比较"工细、针齐、面平"的传统刺绣更加活泼奔放、洒脱自由，因此也具备了更广泛的题材适应性。乱针绣已经列入江苏省首批非物质文化遗产保护名录。

1921年，著名画家、教育家吕凤子先生在丹阳创办了私立正则女子职业学校。他有感于我国传统刺绣不能表现西画和摄影的光影效果，指导该校教师杨守玉，以针法代笔法，以绣线代笔触，以长短疏密、交叉重叠、纵横杂乱、变化自如的线脚绣素描，吕凤子为其命名为"正则绣"。抗战中，正则女专移至四川，易名为"江苏省私立正则艺校"，继由教育部批准，易名为"私立正则艺术专科学校"，设三年制、五年制绘绣科，刺绣正式成为教育部承认的高等学校艺术专业。抗战胜利以后，吕凤子先生回到丹阳，重建"私立正则女子职业学校"和"私立正则艺术专科学校"，面向全国招生，刺绣百花园里的一枝奇葩——乱针绣就此诞生并走进了高等学校的讲堂。

29.3 技法步骤

乱针绣不仅是一种全新独立的刺绣种类，也是一种变换了工具材料的新画种，她以针代笔，以绣线当颜料，尽管如此，乱针绣所用的材料仍然十分简单：针、底布、绣线、剪刀、绷框和绣制画稿就可以完成作品的绣制。乱针绣以线型、线色进行情景、气氛的营造，遵循并且结合色和光的变化规律，采用变化丰富的线条体现作品的立体感和线条感，从而达到意念和景致的完美融合，进而使油画作品的风格得以完美体现，让油画中"乱"的动感和活力得以释放。

此次乱针绣图案的绣制，得到乱针绣大师孙艳云老师的鼎力支持，她细致讲解了乱针绣技法的独特之处，在孙老师的工作室完成此次乱针绣图案的设计任务。

①戳样（图29-2）。该环节的目的在于将设计的图案进行轮廓定位，将透明塑料板覆盖在画稿上，用针在塑料板上把图案的边缘进行密集的点戳，要求戳穿戳透，由密集的点形成图案的外形，便于后续刷样。在进行戳样的环节中，要对图案进行精准的刻画，为后续的绣制作好铺垫。

②刷样（图29-3）。绣娘师傅用笔刷蘸着与面料颜色有反差的水粉颜料，如黑色面料则选择白色水粉颜料进行刷样，灵活有力地将水粉颜料通过针孔拓印至面料表面，形成图案的雏形。

③上邦（图29-4）。将需要绣制的毛呢面

图29-2 戳样

图29-3　刷样

图29-4　上邦

料固定于绣框上，此环节则要求固定的面料平整紧绷，以免在绣制过程中出现绣线松散，影响图案实现的最佳效果。

④绣制。由于乱针绣不在针法上求变化，而在线条上和光色上求变化。在绣制时先要反复审读画稿中的色彩关系，摸索表现方法、操作步骤和预想绣成后的效果。在初步完成整个图案的基础上，进行细节的完善，用交叉重叠法将丝线绣到面料上，分清主次、逐个做实做细。先绣面积大的色块、背景及远的物象，再绣面积小的、前景物象附着物体的纹饰，最后做引人注目的小件物品。每做一处都要照顾到整体及各个物体间的相互关系，包含物体的固有色、光源色及环境色之间互为映衬的关系，便于统一色调（图29-5、图29-6）。

图29-5　绣制

图29-6　成品

在图案作品的实现过程中，针线是骨，是绣者手中的画笔；色泽是魂，是绣者针线下的笔触。在绣娘师傅一针一线的穿合之间感受着线与色带来的心灵洗涤，看着图案形状一点点展现出的瞬间，不仅感叹于手工艺人的高超技艺，更多的来自于对民族文化的敬意以及对乱针绣艺术散发出来的自豪感。

29.4　乱针绣艺术价值

乱针绣的"乱"，是乱针绣艺术创作的理念。一"乱"指用针无定法，以主观情绪为主，根据对客观形象、光影明暗的理解把握而下针；二"乱"指调色无定法，以整体色调和谐为主，遵守色彩表现规律，掌握美学原则。乱针绣追求"形乱神守"的境界，它的创新体现在对传统刺绣艺术思想上的创新，并不仅是创造了新的刺绣针法和技法，其文化底蕴深厚，将西方审美与刺绣艺术相融合，使刺绣有了新面貌。乱针绣开创了将装饰、绘画和刺绣完美结合的艺术形式，其审美效果有油画素描的真实感，有装饰艺术的形式美，还能体现出材料的肌理和质感（图29-7）。

图29-7　乱针绣作品

29.5　文化拓展——苏绣

中国民间刺绣是广大劳动人民为了满足精神需求逐渐形成的，充分反映了民族、民间普通老百姓的审美意识、思想情趣及风俗习惯。民族民间刺绣是一种民间文化的外化形式，是世界服饰文化的重要组成部分，是传承和发展服饰文化最基本的源泉。我国的四大名绣分别为：苏绣、湘绣、蜀绣以及粤绣，享誉国内外。

与乱针绣有着密切关联的苏绣，在中国刺绣的历史地位中具有重要的划时代意义。苏绣，作为以苏州地区为中心囊括整个江苏省的刺绣绣作的总称。苏绣是在苏州的吴县源起的，苏州位于江南地区，靠近太湖，有着适宜的气候条件，盛产丝绸。所以，苏地的妇女便有了刺绣的习惯。良好的地理位置、品种繁多的锦缎、诸多颜色的花线，给苏绣实现更深层次的发展予以了良好的物质基础。在长时间的发展历程之中，苏绣构建起了图案秀丽、色泽协调、线条苍劲、针法灵动、绣工精良独特的艺术风格（图29-8）。

图29-8　苏绣作品

苏绣重点体现出来的艺术特征是：山水能够有远近之分；楼阁的体态表现得非常深邃；人物刻画神情丰富；花鸟体现出清爽的态势。苏绣中的仿画绣以及写真绣所体现出来的艺术效果闻名于世。在技艺方面，苏绣主要是运用套针，绣线之间套接不显露出针迹。一般使用三到四种不一样的同类色线或是相近色线来进行搭配，套绣出灵活生动的色彩效果。而且，在对物象进行表现的时候喜欢留下"水路"，就是在物象存在深浅较为明显的变化中，留下一条空线，让它更具层次感，使得花样的棱角分明较为整齐。所以人们在对苏绣进行评价的时候通常用"平、齐、密、细、匀、和、顺、光"这八个字来表述它的艺术定位。

任务30 大衣结构设计

大衣结构设计1　　　大衣结构设计2

【任务内容】

大衣结构设计

【任务目标】

1. 学会使用德卡软件设计大衣结构图
2. 能用德卡软件绘制其他服装结构图

30.1 任务导入——大衣款式分析

首先分析一下款式图（图30–1）。

该款式是中长款，长度在小腿位置，大青果领，前片在腰臀之间有分割，门襟无叠门，用风纪扣固定，左前领驳头用乱针绣作装饰；落肩袖，袖子九分长度，喇叭袖口；两侧缝做口袋，下摆前后两侧各有一个开衩；后中有中缝。根据这些款式特点，采用平面裁剪比例法绘制结构图，用德卡软件绘制。该软件每个工具旁都有名称提示，下面的对话框都有操作提示，使用非常方便。

图30–1　大衣款式图

30.2 大衣结构设计

（1）打开德卡软件（图30–2）

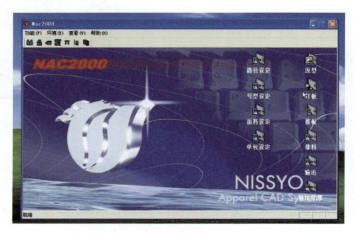

图30–2　德卡软件界面

（2）设置女大衣尺寸

选择打板功能，新建文件⬜，保存文件💾，文件命名为女大衣。

选择女装号型为165/84A。根据款式图定出样衣的尺寸，编辑尺寸表（单位cm）：后中长100、胸围110、臀围118、下摆108、肩宽56、袖长40、袖肥39、袖口44。在菜单中选择文字—文字表配置（图30-3）。

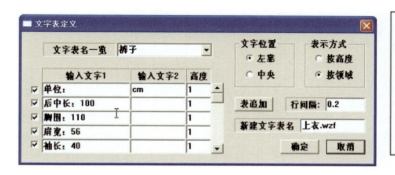

图30-3　文字表配置

（3）绘制大衣的基本框架（图30-4）

①先按长度100cm，宽度胸围B/2=55cm，用矩形框工具 画出基本框架。

②用平行线工具 按胸围B/4+0.5=28cm画出正常侧缝线。

③用平行线工具画出正常的腰节线38cm，正常的臀围线腰节向下20cm。

④用平行线工具画出腰臀分割线的位置，后中点向下45cm。

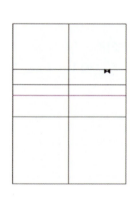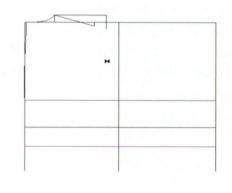

图30-4　基础结构线　　　　　　　　　图30-5　后领圈弧线、后背缝

（4）绘制大衣的后领圈、后背缝（图30-5）

后横开领常规值8cm，后领深2.5cm，用弧线画顺。用垂直线工具 ，输入距端点8cm，然后输入垂直线长度2.5cm，用弧线工具 画出后领圈弧线，用点列修正工具 调顺弧线。该大衣不做肩胛省，可用指定移动工具 把横开领和领口弧线移进0.5cm，相当于去掉一部分的肩胛骨省量。用弧线工具 画出后背中缝线。

（5）绘制大衣的肩斜、袖窿弧线（图30-6、图30-7）

①后肩斜按15：5的角度。从颈侧点画水平线 15cm，然后画垂直线 5cm。

②该款式是落肩袖，先画人体正常肩宽量，39cm的一半19.5cm与肩斜线相交。

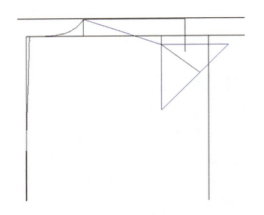

图30-6　后肩线

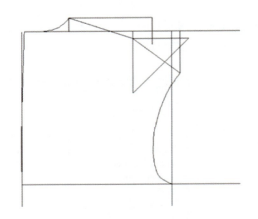

图30-7　后落肩线、后袖窿弧线

③画落肩倾斜位置。分别用水平线工具和垂直线工具画出10cm×10cm的等腰三角形，用两点线工具连接肩点和三角形斜边中心点偏上1cm位置。

④落肩袖肩宽是56cm，一半是28cm，从上平线取28cm画垂直线与落肩线相交。

⑤画出后袖窿弧线。

（6）在后片的基础上制作前片（图30-8）

①后片的上平线向上平行1.5cm。

②横开领可大于后片，相当于劈门量。取8.5cm画垂直线。

③按照15∶6，画出前片的肩斜角度（方法同后肩斜线做法）。

④用测量工具 ⬚ 量出后小肩线，前小肩线的长度是后小肩线长度减去0.5cm。

⑤画落肩袖倾斜位置。画出10cm×10cm的等腰三角形，取中心点偏上0.5cm位置。

⑥落肩线前后长度相等。

⑦画出前袖窿弧线。

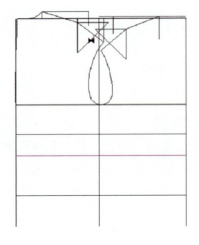

图30-8　前落肩线、前袖窿弧线

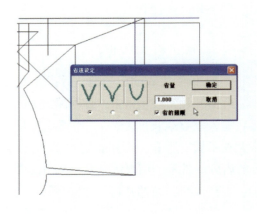

图30-9　做袖窿省

（7）画出前袖窿省（图30-9）

①找出BP点位置，距离肩颈点25cm，距离前中10cm。

②两点线工具连接BP点与袖窿下部任意点，用开省工具开袖窿省1cm。

（8）配制青果领

①用长度调整工具 ↘，前小肩线延长2cm。用两点线工具 ↘ 连接该点和驳头止点，此线为该青果领的翻驳线。

②用点平行线工具 ↗，通过前颈侧点画翻驳线的平行线。此线是串口线所在位置。

③领子是青果领，领面宽4cm，领座宽3cm，翻驳点在腰节线下，以上分析结合刘瑞璞《女装设计与结构的理论》，可知该领子的倒伏量是2.5cm（图30-10）。把串口线延长后领圈弧

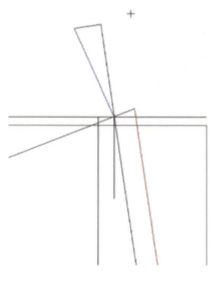

图30-10　倒伏量

线长，在该点垂直画出倒伏量2.5cm，连接该点和颈侧点，画该线的垂直线。领子的总宽度7cm，然后用曲线工具画出外领口弧线。

④从颈侧点量串口线长度4cm，连接该点和前小肩中点，延伸至外领弧线。

⑤画出底领弧线（图30-11）。

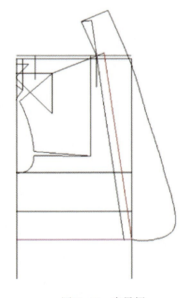

图30-11　青果领

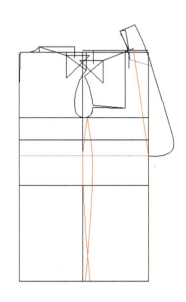

图30-12　侧缝造型线

（9）分割前后片（图30-12）

①根据造型画出O型侧缝线。

②用剪刀工具 ✂，删除多余辅助线条。

（10）做领口省（图30-13）

①用转省工具把袖窿省转成领省。

②修正领省，省道平行翻驳线，长度是17.5cm。

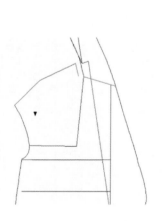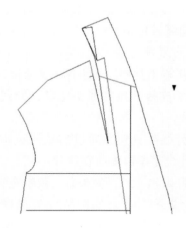

图30-13　袖窿省转成领口省

（11）画出前后下摆开衩（图30-14）

①用平行线工具画出前片开衩长13cm、宽3.5cm。

②按造型前片开衩比后片短3cm。

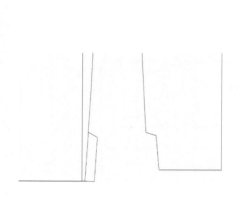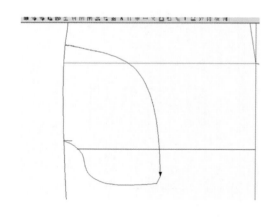

图30-14　前后下摆开衩

图30-15　袋位及袋布

（12）画出侧缝口袋及袋布（图30-15）

①侧缝袋位置：前片分隔线向上2.5cm为侧缝袋的起点，向下量口袋长度15cm。

②用曲线工具画出袋布的形状。

（13）画袖子（图30-16）

①选择测量工具 ❖ ，分别量出前后袖窿弧线的长度。

②选择水平线工具 — ，画一条大约50cm的水平线。

图30-16　袖子

③选择垂直线工具 I ，在水平线的中点画一条9cm的垂直线，该垂

线为袖山高。

④选择长度线工具 ，前袖窿弧线长度-0.5cm=前袖山线、后袖窿弧线长度=后袖山线，然后用曲线工具分别画出前后袖山曲线。

⑤选择拼合检查工具 ，校对（袖窿、袖山）弧线长度。因为是落肩袖，所以袖山弧线不需要吃势，袖窿弧线和袖山弧线要相匹配。

⑥袖山线往下延长至40cm（袖长）。

⑦画出袖口44cm，连接袖肥和袖口，用接角对合工具 ，修正袖口曲线。

⑧袖山加刀眼。

（14）配置大衣样片（图30-17、图30-18）

①选择复制工具 ，复制基础样板。

②选择平移工具 ，分割前片。

③选择形状取出工具 ，取出领子，取出袋布，分割挂面。

④配置大衣里布样板。后中放坐势2cm。袖肥X、Y方向各放2cm，袖口放0.3cm，袖中心放0.3cm，袖山弧线重新和新的袖肥点连接画顺。

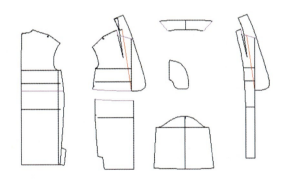

图30-17　大衣面布净样板

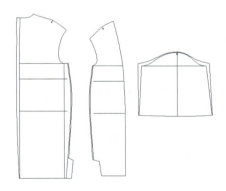

图30-18　大衣里布净样板

（15）缝边

①选择缝边功能 ，做出大衣的裁剪样板。

②大衣下摆4cm缝边，其余1cm缝边。口袋缝边变更为3cm。

（16）给样板标注经纱的方向（纱向）（图30-19、图30-20）

①选择平行纱向功能 。

②给样板标注经纱的方向，用双向单箭头来标示。

（17）布片属性

①选择布片属性工具 。

②在纱向上写上布片的款式名称、部件名称、尺码、裁片数量、布料属性等文字（图30-21）。

（18）样板的复核

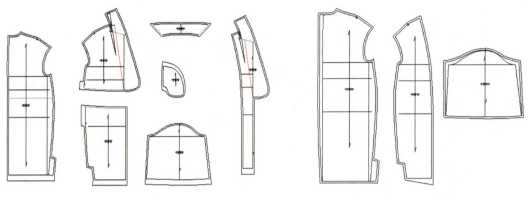

图30-19 大衣面布裁剪样板　　　　　　图30-20 大衣里布裁剪样板

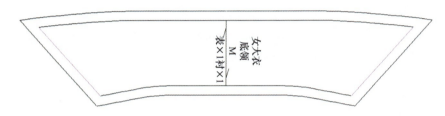

图30-21 大衣领子的布片属性

①样板制作完成后，复核样板的造型是否与款式图一致。

②复核样板的尺寸。

（19）打印样板

样板绘制完成后，用"打印到绘图仪"工具 打印输出（图30-22）。

图30-22 打印输出

任务31　大衣缝制工艺流程

【任务内容】

大衣缝制工艺

大衣缝制工艺1　　大衣缝制工艺2　　大衣缝制工艺3　　大衣缝制工艺4

【任务目标】

1. 学会制作大衣

2. 编制大衣制作工艺流程图

31.1　制作准备

①大衣制作的材料准备：面料、里料、衬料、直牵带、斜牵带、双面衬、袖窿端打衬、风纪扣、缝纫线等。

②排料：将面料正面相对，沿经向对折铺平，将大衣样板按经纱方向放置排料。该面料有毛向，所以排料同一方向。裁剪时，可以先用画粉画线，裁剪时需打好对位刀眼（图31-1）。

图31-1　排料

③配黏合衬：面料裁剪完成后，要给相应的裁片配裁有纺衬，以增强面料的硬挺度，调节好黏衬机的温度和压力，有纺衬要比面料稍微小0.3cm，防止黏在黏衬机上（图31-2）。

④裁剪里料：衬料裁剪完成后，里料也要按经向方向排料裁剪。

⑤点位：在裁片上用记号笔点好领省位置和口袋位置等（图31-3）。

⑥敷牵带衬、袖窿端打衬（图31-4）：在裁片上借助熨斗敷好牵带衬、袖窿端打衬。

图31-2　粘衬

直牵带：敷在衣片距离翻折线1cm的位置、前小肩线、领子串口线、青果领驳头、下门襟、袋口、开衩处防止拉伸也要敷上直牵带、底领后中单侧敷直牵带。

斜牵带：后领圈弧线、底领上口。

图31-3 点位

图31-4 敷牵带衬、袖窿端打衬

袖窿端打衬：前后袖窿。

31.2 大衣的缝制

缝制前调节缝纫机针距：13针/3cm，底面线迹调匀。缝份按样板要求缝制。

①缝合前片的领省（图31-5）。

②拼合前片的分割缝（图31-6）。

图31-5 缝制领省

图31-6 缝制前片分割缝

③拼合挂面后领中，分开烫平（图31-7）。

④拼合后片中缝（图31-8）。

图31-7 拼合挂面后领中

图31-8 拼合后片中缝

⑤衣片领省上端要用剪刀剪开，分开缝熨烫领省，注意领省要烫尖。前片的拼缝分开烫平，后中缝分开烫平（图31-9、图31-10）。

图31-9 烫领省

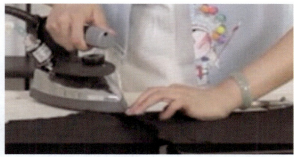
图31-10 烫开缝

⑥后片下摆烫4cm宽直条衬，下摆向正面折烫4cm缝边（图31-11）。

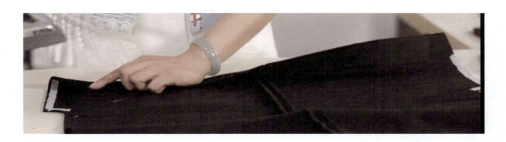
图31-11 烫后下摆

⑦缝合前后衣片。前片在上，后片在下，按右侧缝—肩缝—左侧缝的顺序缝制。注意下摆开衩处净线点对齐，转角处机针要插在布里面，抬起缝纫机压脚，用剪刀剪到净线，但是不能剪断线（图31-12），缝到袋口处停针，留出袋口位置（图31-13）。侧缝熨烫前先在后片袋口处打上剪口，将口袋处的缝份倒向前片，然后分开烫平侧缝、肩缝。

图31-12 下摆转角位置

图31-13 袋口位置

⑧底领与衣身缝合。注意串口线转角处机针要插在布里面，抬起缝纫机压脚，用剪刀剪到净线，但是不能剪断线，领子后中对齐衣身的后中缝。缝制结束后修剪多余缝口，分开烫平。

⑨将衣服半成品穿在人台上，检查前后衣身是否平衡。如不平衡，通过调整肩线的缝份和侧缝的上下位置，来满足衣身平衡。

⑩上前口袋布：将袋布与衣片袋口处缝合。为了防止袋布跟随着手的移动滑出，要放置口袋过桥布，过桥布抹平后略松0.5cm和门襟固定（图31-14、图31-15）。

图31-14　上口袋布

图31-15　袋布用过桥固定

图31-16　青果领圆角处缝制

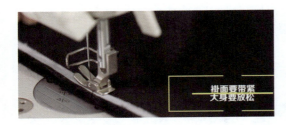

图31-17　门襟下端

图31-18　风纪扣位置

⑪缝合里布。后中里布两片拼合后，右后片在上，烫好预留的坐势。

⑫缝合里布的侧缝。侧缝向后片折烫0.3cm坐势。

⑬前片里布与挂面缝合，里布在上、挂面在下，缝份倒向里布熨烫。因为里布是尼丝纺材质，注意要调低熨斗的温度。

⑭拼合前后里布肩缝，肩缝烫倒向后片。

⑮缝合挂面领省、装后领。缝制结束后。挂面领省剪开分开烫平，后领圈缝份向下倒。

⑯衣身与挂面缝合。衣身和挂面缝合时要将衣身放在上面，青果领圆角处缝制时衣身稍拉紧、挂面放松（图31-16），下摆处缝制时挂面稍拉紧（图31-17），这样青果领翻折时才能有自然的窝势，平服美观。注意要预留出钉风纪扣的位置（图31-18）。

⑰修剪缝份，在下摆转角处剪去多余量，下摆角翻出要方正。在前片拼缝以下单层修剪挂面缝份；在青果领圆角转弯处打剪口，圆角处缝份修成0.3cm，青果领处是挂面翻出在外，故单层修剪衣身缝份（图31-19）。

⑱在前片拼缝以下压0.2cm内止口，缝边要倒向挂面，压线压在挂面上，距离下摆大

约3cm起针，距离上端5cm处停针；青果领压内止口时缝边倒向衣身，衣身上压0.2cm内止口（图31-20）。

图31-19 修剪缝份

图31-20 门襟、领子压内止口

⑲翻折下摆角，角要方正（图31-21）。
⑳熨烫领子及门襟，烫完后检查领子圆角是否一致，门襟长短是否一致（图31-22）。

翻折下摆角

图31-21 翻折下摆角

图31-22 熨烫领子及门襟

㉑按翻折线熏烫领子，注意熨斗不要压实，领子不能烫死，要自然。
㉒手工钉风纪扣（图31-23）。
㉓用暗缲边机、手工或双面衬固定挂面和衣身，注意衣服正面不能露出线迹。
㉔固定后领内缝。把面领和底领的缝份用手工或者车缝固定在一起（图31-24）。

图31-23 钉风纪扣

图31-24 固定领圈

㉕缝下摆前后衩。注意小衩要缝制平服，不能起吊（图31-25）。

㉖熨烫小衩、下摆。

㉗再次将衣服穿在人台上，检查前后衣身是否平衡，缝制是否优良。

㉘做袖子。袖口烫4cm宽直条衬，向正面折烫4cm缝边。

㉙拼合面布袖底缝。

㉚拼合里布袖底缝，左侧袖底中间位置预留10cm长度不缝（图31-26）。

图31-25　缝制下摆衩　　　　　　　　　　图31-26　左袖底预留孔

㉛袖面从袖山方向往袖口方向熨烫，分开烫平（图31-27）。

㉜袖里向后袖方向折烫0.3cm，熨烫坐势。

㉝车缝袖口的面里布，在袖底缝滴针固定袖口的面里布，防止袖口缝边外延。

图31-27　烫袖子　　　　　　　　　　　　图31-28　装袖

图31-29　肩部、袖底过桥布

㉞袖子和袖窿刀眼对齐后开始装袖（图31-28）。在肩部和袖窿底放置过桥布，过桥布净长2cm（图31-29）。

㉟袖子装好后将衣服穿在人台上，检查袖子装的是否合适。

㊱车缝固定肩部和袖底过桥。

㊲从左袖里预留孔处掏出后下摆，后中心对齐，面里缝合。后中心面里滴针固定。

㊳掏出左袖里，将预留的10cm预留孔

缝合。

　　㊴大烫：做最后的整烫整理。

　　㊵模特成衣展示（图31-30）。

图31-30　成衣

思考与练习

1．深度剖析大衣的款式特征与时代变迁的关系。

2．如何处理大衣的功能性与美观性两者之间的关联度？

3．乱针绣与苏绣的差别表现在哪些方面？

4．如何通过时尚的语言将现代服饰与民族优秀文化相融合？

5．如何巧妙的在服饰设计中运用图案的技法和规律？

6．关于翻驳领的理论研究与创新设计。

7．认识色彩心理情感对服装设计的重要意义。

8．根据服装面料的性能进行大衣款式的创新设计。

9．请运用至少三种面料再造技法将普通毛呢转化为个性化的面料。

10．结合国内外服装设计的发展趋势总结出乱针绣的创新价值。

11．分析乱针绣的针法特征与传统刺绣的区别之处。

参考文献

[1] 原研哉. 设计中的设计 [M]. 桂林：广西师范大学出版社，2010.

[2] 托比·迈德斯. 时装·品牌·设计师：从服装设计到品牌运营 [M]. 杜冰冰，赵妍，译. 北京：中国纺织出版社，2014.

[3] 罗伯特·利奇. 时装设计：灵感调研应用 [M]. 张春娥，译. 北京：中国纺织出版社，2017.

[4] 崔荣荣. 服饰仿生设计艺术 [M]. 上海：东华大学出版社，2005.

[5] 凯瑟琳·麦凯维，詹来茵·玛斯罗. 时装设计：过程、创新与实践 [M]. 杜冰冰，译. 北京：中国纺织出版社，2014.

[6] 洪锡徐，孙燕云. 常州乱针绣/符号江苏口袋本 [M]. 南京：江苏美术出版社，2018.